儿 童 心 理 学 奠 基 之 作

重译本

Chinese New Version

CHILDREN THE CHALLENGE

孩子：挑战

[美] 鲁道夫·德雷克斯 维琪·索尔兹 著　李剑敏 译

生活·讀書·新知 三联书店　生活書店出版有限公司

我们不建议父母过于纵容或严苛，而是应该学习如何与孩子搭伙，明悉他们的状况，并且有能力指引他们，而不是任由他们撒野或让他们感到窒息。

就像孩子需要训练，父母也是。训练自己以新方式应对孩子的挑衅，转变观念和态度，也许可以开辟和谐亲子关系的新天地。

推荐序

理解孩子，理解人

李一诺

剑敏重新翻译《孩子：挑战》这部经典著作，请我作一篇序。

一方面我觉得很荣幸，一方面又觉得底气不足。荣幸，因为这是一部非常经典的作品，而且因由剑敏的新译，呈现在各位面前的是一部清晰、流畅的佳作。我如果因为写序能有一篇文字随着这本书和大家见面，当然是荣幸之至。底气不足，同样因为这是一部非常经典的作品,这本书的首次出版是1964年，之后多次再版。作者鲁道夫·德雷克斯是将著名心理学家阿尔弗雷德·阿德勒（Alfred Adler）的个体心理学理论应用到儿童发展领域的开创者。虽然他早在1972年去世，但这部作品在问世之后的半个世纪中一直影响着世界各地的父母和教育者。

既然有这个难得的机会，我想就从一个普通妈妈的角度，和大家分享一下这本书为什么值得一读，以及该怎么读。

1. 渊源：理解孩子之前，先理解“人”

这本书的作者德雷克斯是阿德勒的同事和学生。在阿德勒1937年去世以后，德雷克斯后半生都致力于把阿德勒的学说应用到更多的真实场景，包括家庭、学校、卫生系统，甚至监狱。所以想了解这本书的作者和背景，可能要先从了解阿德勒开始。

阿德勒早先师从弗洛伊德，但后来走了一条不同的道路，开创了对后世影响巨大的个体心理学学说。

首先，个体心理学的核心观点，和“个体”这个词表面所指向的相反，认为人的行为是由社会力量决定的，人天生就是一种社会存在物，在社会生活中进行交往，相互依赖，相互合作。其次，个体心理学视人格为统一的整体，强调其不可分割性，认为每个人的人格都是由各种动机、特质、兴趣、价值所构成的统一整体。第三，个体心理学认为意识是人格的中心，人是一个有意识的存在物。

这些概念，现在听起来也许都符合我们当代的“常识”，但在20世纪初，这些理念和当时被广泛推崇的弗洛伊德的理论是相反的。比方说，弗洛伊德强调人的生物学本能(而非社会的)，也就是说人的成长过程是本能的自然展开，其行为是先天决定的。弗洛伊德强调把人格分为本我、自我、超我这些不同的部分，各司其职。同时，弗洛伊德的经典精神分析认为无意识是人格的中心，等等。

从理解成人，到理解儿童。在阿德勒的理论里，有一个很重要的通向理解儿童的桥梁，就是“生活风格”。所谓生活风格，是指个人在早期社会生活道路上已定型化的行为模式。他强调人的生活风格大约四五岁时已在家庭环境中形成，以后几乎一生不变。所以他非常重视家庭行第（即出生顺序）和家庭气氛对儿童性格类型形成的影响。

当然阿德勒并不是宿命论者，他认为影响人的成长有三个要素，即遗传、环境和创造能力。其中关于创造能力，他提出的“创造性自我”的概念，与其他两个要素结合起来，共同成就了人的发展。

2．理解儿童

在阿德勒的个人心理学的背景下，德雷克斯提出了一个重要的理解儿童的基础，就是理解儿童的所有行为背后都有其“目的”。而这些目的和上面提到的“社会性”“寻求认可”，和“创造性”是息息相关的。

理解了这一点，就会理解如果儿童出现行为不当，背后是为了追求某种“目标”，但这些往往是“不当目标”。德雷克斯把不当目标分成四类：

第一类不当目标是他们渴望得到过度关注。如果他们没有通过自己的行为（好或坏，例如在某方面表现出色或表现糟糕）得到渴望的关注，他们就会转向第二类不当目标“寻求权力”（例如他们可能拒绝完成某项任务）。如果他们的权力斗争受挫，他们还会转向第三类不当目标“寻求报复”。如果连报复都没有达到预期的效果，他们开始感到力不从心，从而希望脱离现有环境，这就是第四类不当目标。

从这个角度讲，所谓教育，其实就是通过看到这些“目标”，进而做出相应的引导，最终引导儿童对自身的行为负责。

但如何实现这些呢？德雷克斯提出的方法，不是通过“惩罚”，甚至不是通过“奖赏”，而是通过看到孩子的行为和底层的诉求，给予鼓励。因为“只有得不到鼓励的孩子，才会做出负面的行为”（德雷克斯语）。

3．家长的指针

这本书，就像作者在前言里讲的，“并非向父母传授心理学，而是尝试向他们提供新方向之下切实可行的方式方法”。

这一“新方向”，是此书出版的20世纪60年代的时代背景下，“民主”“平等”“自由”的理念从西方社会的公众层面普遍进入家庭生活，改变了家庭中传统的专制的家长作风和规则，因而是对父母所提出的新的挑战。

时间到了2023年，“自由”“平等”“民主”在西方世界早已不是“新”的概念，但在我们熟悉的语境里，可以说还是相当“新”的。所以这一“新方向”的挑战，在当今简体中文环境中仍然具有巨大的现实意义。

“切实可行的方式方法”，和前面讲到的孩子不当行为背后的四类“不当目标”是一一对应的。

书的内容从身为父母的“普遍的困境”开始，引导我们思考儿童所处的社会环境和家庭微观环境，进而理解在这些环境下儿童行为后面的“动机”。作者分享了几个重要的原则，包括惩罚和奖赏的谬误、自然后果和逻辑后果的应用、引导孩子尊重秩序和他人权利，以及尊重孩子等等。

之后的章节，作者针对常见的儿童“不当行为”，介绍了一系列的原则和方法，让我们看到各种困境背后孩子的心理动因，并教给我们如何引导孩子从“不当目标”的方向中走出来。

可贵的是，书中每一章里都有大量真实的案例，而且这些案例一点都不“学术”：从在妈妈不注意的时候偷偷咬弟弟的小女孩，到趁人不注意在爸爸的帽子里大便的小男孩，还有再婚夫妇在餐桌上和各自之前婚姻的子女之间的互动困境。

虽然这些案例都是六十年前的例子，也并不发生在中国，但是每一个案例都让人感觉似曾相识。这也让人感叹，毕竟儿童就是儿童。在进入青少年时期之前，儿童和儿童之间最大的区别其实不是“地域”“语言”这些我们成年人世界里想当然的“鸿沟”，而是这些底层的心理动因和目标，“是否”和“如何”被看到、被对待。在这个层面上，每一个家长只要愿意学习、愿意看到，无论在什么时代和什么样的文化环境里，都可以给孩子提供合适的支持和引导。

在讲完这一系列原则和方法之后，在书的最后，作者还巧妙地安排了一个“案例集”，通过对每一个棘手案例的处理，告诉读者这里面用到了书里哪个章节提到的哪个方法，以便检索和随时温习。

最后回到作者德雷克斯和阿德勒推动的心理学方法。由于阿德勒的战争经历，阿德勒理论的第一个要素，是人的“社会性”。他认为人都具有一种为他人、为社会的先天思想准备和自然倾向，姑且称之为“社会兴趣”(Social Interest)。而这种社会兴趣不仅是一种与别人交往时才有的情感，它也是一种对生活的评价态度和认同能力。阿德勒认为有没有社会兴趣是衡量个体是否健康的重要标准，这也决定了一个人生活意义的大小和社会贡献的高低。而社会兴趣最初是由儿童与父母之间早期的相互作用产生的。因此父母的重要任务之一乃是唤起和培养儿童的这种社会兴趣，对孩子的溺爱和漠视是阻碍儿童这方面发展的两个重要原因。

所以，当我们作为普通父母学着面对棘手的育儿问题的时候，那些在餐桌上、在卫生间里、在商场里看上去无足轻重的对话，不仅仅是在面对孩子带来的日常“挑战”，同时也是对孩子社会兴趣的培养和鼓励。从这个意义上讲，当我们作为家长有意识、有方法地这样做，可以不夸张地说，每一次和孩子的互动其实都是在推动社会的进步呢。

由此我衷心希望《孩子：挑战》这本书的重新出版，既能给父母们的日常困境提供卓越的解决之道，也能为我们种下一粒推动社会文明发展的宝贵的种子。

2023年1月

前言 PREFACE

鲁道夫·德雷克斯
RUDOLF DREIKURS

不论数量还是程度，孩子带给我们的困扰与日俱增，而很多父母不知道如何应对。他们隐约觉得，不能以他们过去被管教的方式管教他们的孩子，此外则束手无策。他们甚至不知道存在着处理亲子关系的新方法，而且已经通过验证。一股脑儿抛向父母的建议五花八门，互相冲突，抵消了任何特定方式方法的效用，非但不能提供指引，反倒让事情更加混乱。那么，我们的方法为何可信？

我研究亲子关系长达四十年，越发认识到我们对家庭冲突的解决方案确实行之有效。它们在我们的家庭咨询中心实验室经过了验证。经由自己摸索学会如何与孩子接触、互动的父母大有人在，但是，他们不明白这么做的依据何在，或者为何行得通。而我们的方法基于阿尔弗雷德·阿德勒(Alfred Adler，1870—1937)及其同侪提倡的生活哲学和人之所以为人的独特观念。大体而言，我们的方向契合心理学潮流。我们不建议父母过于纵容或严苛，而是应该学习如何与孩子搭伙，明悉他们的状况，并且有能力指引他们，而不是任由他们撒野或让他们感到窒息。

我已在此前的著述中勾勒出亲子关系的一些基本原则。父母和孩子一直让我们深受启发，明白某些方式方法行之有效，而我们作为专业人士以前却没有想到。面对孩子给成人社会带来的普遍问题和困扰，我们迄今仍在相互学习。

维琪·索尔兹女士应我邀请，以她自己的方式陈述我们的操作原则。她是我们好几个研究小组的负责人，致力于让妈妈们熟识我们的原则，而不是提供具体的答案和建议。我和她仔细讨论过所有要点，也是妈妈的她则用自己的语言加以陈述。毕竟，我们并非向父母传授心理学，而是尝试向他们提供新方向之下切实可行的方式方法。

相信我们的共同努力可以完成我们给自己设定的任务——帮忙而不是添乱。当然，做得再好也难免有困难和错漏。我们唯有希望，父母对此新知的掌握更牢靠，虽然他们未必总会执行，而问题总是层出不穷。

对那些希望尽到责任但经常发现自己尚未准备好的父母，我深表理解和同情。就像孩子需要训练，父母也是。训练自己以新方式应对孩子的挑衅，转变观念和态度，也许可以开辟和谐亲子关系的新天地。

目录
CONTENTS

OUR PRESENT DILEMMA

第一章 我们现在的困境

普莱斯太太给邻居奥尔巴尼太太倒了杯咖啡，两人坐下来聊天。七岁大的马克冲进厨房，身后跟着五岁的弟弟汤姆。马克训练有素地爬上厨台，打开高处的一扇厨柜门。汤姆也跟着熟练地爬上去。

妈妈大声嚷嚷：“马上给我下来。我说真的！马上！”

“我们想吃棉花糖。”马克喊回去。

“你们现在不能吃棉花糖。马上吃中午饭了。下来！”

马克抓了一袋棉花糖，跳下厨台。汤姆也跟着跳下来，从马克手里抢走棉花糖，兄弟俩冲出厨房。普莱斯太太话音未落——“回来。我说了你们不能吃”——纱门砰的一声就被撞上了。

普莱斯太太一声长叹，跟客人说：“唉，这些熊孩子！真不知道拿他们怎么办。天天疯疯癫癫。片刻不得安宁。”

我们经常不知道拿孩子怎么办。他们似乎无时无刻不让我们恼火甚至讨厌。一家人去游乐园，本该开开心心，结果扫兴而归。过度亢奋和过度疲倦的孩子大声尖叫“还要还要”，不耐烦的父母气呼呼说“不能再玩了”，但又扛不住他们的哭闹而妥协。不胜其烦的爸爸一次次掏钱，花费远超预期，甚至忍不住当众打起孩子屁股来。再后来，妈妈也受不了了，强行把孩子拖回家。一家子弄不明白何必自讨苦吃。

在餐厅，孩子也经常让人抓狂。他们要么使小性子，要么大声嚷嚷求取关注，要么跑来跑去停不下来，从而打扰别的用餐者。很多孩子甚至一口饭不吃，除非威逼利诱。

在超市，孩子经常乱弄十字转门和护栏。在过道上来回跑动，要这个要那个，得不到满足就大哭大闹。

诸如此类，在这些公共场所，我们总能看到动不动就发脾气、要这个要那个、大声尖叫的孩子，而他们的父母则疲于应对，一肚子怨气，觉得人生绝望。

在家里，他们拒不配合。很多孩子不愿意帮忙干家务。他们吵吵闹闹、不顾及他人、活泼好动、粗鲁无礼。有时候压根不尊重父母或别的长辈，动辄顶嘴、让人难堪，而我们只能接受。

孩子逆反，父母无助。我们乞求恳求好话说尽，或痛下重手或施恩收买，只要他们肯守规矩。有个奶奶无比沮丧："真是一代不如一代！"他们的无礼挑衅如今越发稀松平常，以至于"孩子不就是这样吗"的认知已成常识。

在学校，很多孩子不认真学习。老师要求父母务必盯着孩子的功课，可是除了打骂和强制，他们说不出别的法子。

关于问题儿童的新闻头条越来越多，潜在的青少年犯罪行为发生的时间也越来越早。法官要求家长别让孩子大晚上在街头游荡，可是对如何做到语焉不详。全国范围内关于青少年犯罪的研究论文汗牛充栋，但行之有效的解决方案少有人提及。

很多父母越发不安和困惑。他们本来想培养出快乐、规矩的孩子，却眼睁睁看着孩子变得不满、烦人、痛苦、傲慢甚至忤逆。儿科医生和精神科医生的报告表明，全国范围内心理严重失常的问题儿童急剧增多。

为了有所改善，父母报名参加儿童研究课程、小组讨论、家长教师协会（P.T.A.）的讲座，大量阅读参考书、指导手册和新闻报道。可是如此声势浩大的家长教育，很少有人认识到它的真正意义。家长似乎丧失了养育孩子的能力。以前的家长不需要有人指导他们如何生儿育女。到底发生了什么？从前，我们有一套全社会认同的育儿传统规范，每个家长只要照章执行即可。可是到了我们这个时代，却需要开展广泛的家长教育。为什么？

经常有人告诉我们，我们目前的困境乃是成年人的不安全感、情绪不稳定或不成熟所致，抑或不良榜样、道德或社会价值沦丧、缺乏信仰所致。道德观的变化，我们的确耳闻目睹，但论及道德标准，鉴于我们对“社会恶习”与日俱增的关切，相比从前，如今可能更加高标。至于安全感，每一代人都有让他们不安的压力和紧张，譬如“一战”、经济大萧条、“二战”，或是如今的原子弹、氢弹。

还有很多人将之归咎于年轻父母和孩子的不成熟。“成熟”可谓含混的托词，大体而言，用来暗示“不天真”的状态。可是这个用法隐含着童年低人一等的言外之意。至于“礼仪教养”和“适应社会”，我们似乎更青睐老于世故的掩盖而非真情实感的流露。其实，成熟意味着人的充分生长和发展——亦即潜力的充分实现。很少有人可以达致如此快乐的状态。完全的成长和发展穷尽一生也未必可得。怎么可以用“成熟”来要求青少年和年轻父母呢？

还有“大人从来没有给孩子做过好榜样”的论调。大人可以干的事小孩子不可以干，以前也是如此——“照我说的做，而不是照我做的做！”至于信仰，牧师和虔诚的家长相比他们不那么虔诚的邻居，在生儿育女上同样困难重重。不服从管束的孩子在星期日学校闹成一锅粥。每个星期日学校的教长都可以证明他的学生同样存在行为问题，极个别情况还特别棘手。病源隐藏得更深，关键在于，传统的育儿规范不再适用，但我们尚未学到可以取代它们的新方法，所以不知道拿孩子怎么办。

每个文化和文明自有其明确的育儿规范。对早期社会的比较研究让我们深切了解传统的意义。每个部落（族群）自有其传统，养育的方式也不同。因此，每个部落都发展出独特的行为模式、性格和个性。每种文化都有自己应对生活难题和状况的方式。于是乎男女老幼都很明了他人对自己的期望，所有行为都有传统可循。

西方社会当然比早期社会复杂许多，但也有自己的育儿传统，比如“孩子应该多看少说”就是每个家庭都遵循的传统之一，也有一套针对孩子的行为准则。然而，我们对民主理念以及民主对人际关系之影响的认识日益深切。从国王和农奴的时代，到《大宪章》的签署、法国大革命、美国独立战争、美国南北战争以降，人人生而平等的观念日益深入人心，不仅法律面前如此，更被大家互相认同。其言外之意在于，民主不只是政治理念，更是生活方式。急剧的变化早已发生，但少有人意识到其本质。正是民主的冲击，导致社会风气的转变以及传统育儿方式的过时。在人人平等的社会里，我们不能任意统治别人。平等意味着每个人都可以为自己做决定。而在传统专制社会，不论社会地位如何，都是每个家庭的父亲支配所有家人，包括他的妻子。而今天已不是如此。女性伸张与男性平等的权利，就像丈夫不能支配妻子，父母也不能主宰孩子。刚刚发生不久的这个社会巨变，我们普遍有所感知，但认识不深。流风所及，整个社会结构都被波及。劳资关系日益趋于平等。一度成为迫切社会问题的黑人种族歧视，其废除正是基于对民主理念的广泛认同。但是相比女性和儿童伸张平等权利所带来的微妙变化，上述重大社会变革更易于被感知。

对于孩子与自己平等的观念，大人通常很不安，并愤愤不平地认为绝无可能。“别开玩笑了。我比我的孩子懂得更多。他怎么可能跟我平等？”当然，论及知识、阅历或技艺，二者不可能平等。但我们说的平等不是指这些——哪怕大人之间也不可能在这上面平等——而是说尽管每个人的个性禀赋互有差异，却有权利得到同样的尊严和尊重。我们自认为优于孩子的信念源自如下文化传统，亦即以出身、财富、性别、肤色、年龄或智慧把人分作三六九等。但任何个人禀赋或才干皆不能确保此优越地位或统治他人的权力。

还有一个因素让我们自以为优于孩子。我们可能对自己的价值隐约不够自信，深感它与我们理想的差距。这时候，尚不能自立的孩子就会成为令人愉悦的对比，让我们觉得自己很了不起！但这是自欺欺人的幻觉。其实，我们的孩子往往比我们想象的更有本事，甚至在某些方面胜过我们。

平等的观念已在我们的文化里生长，但我们尚未意识到，也没有做好理解它的准备。

孩子则对社会风气的变化特别敏感。他们迅即领悟到人人平等的观念，而他们与大人的关系也是如此，进而不能容忍专制社会的支配-顺从关系。一方面，父母也隐约认识到与孩子的平等关系，“我说啥你干啥”的高压养育方式有所调整。但是另一方面，他们缺乏基于民主原则的新方法指引，来教育他们的孩子过上民主的社会生活。这就是我们当前面临的困境。

社会风气的转变——从以往专制的尊-卑、支配-顺从关系变成民主的平等关系——已被我们的教育工作者承认。他们的民主之心不可谓不真诚。然而，很多人对民主原则的应用心存困惑。譬如，我们时常把放纵误认作自由，把无政府误认作民主。对很多人而言，民主意味着爱干吗就干吗的自由。我们的孩子因为他们自以为是的自由，已经到了蔑视任何束缚的地步。但这是放纵，而非自由。如果每个家庭成员都为所欲为，家里就会乱作一团、“僭主”满屋。每个人都自行其是，结果冲突不断。冲突则会伤及人际关系，结果又让冲突加剧。持续不断的冲突和压力让人紧张、愤怒、焦躁和不安，于是生活难免消极、负面。自由是民主的一部分，微妙之处在于——很少有人认识到这一点——除非尊重别人的自由，否则我们也不会自由。你的邻居没有自由，你也自由不到哪儿去。为了让所有人自由，我们需要秩序，而秩序当然意味着确凿的约束和义务。

自由还意味着责任。我有开车的自由，但如果我在只能南向行驶的马路上朝北开，我很快就会失去自由。开车的自由意味着我必须接受让所有人安全的约束。有秩序，才能有自由。但这个秩序不是专制权力为了自身利益强制实行，而是每个人为了维护所有人的利益自觉遵守的。

让孩子拥有无限自由的结果就是孩子变成“僭主”，父母变成“奴仆”。孩子独享无限自由，父母承担无限责任！民主可不是这样。孩子自由过头，父母吃尽苦头：为之掩盖、受罚、受辱、妥协，进而丧失对孩子的影响力。孩子则由于缺乏约束和指引，感觉到秩序的缺位，但又不明就里。于是他们越发我行我素，不知对群体生活不可或缺的原则和约束为何物。结果，关心社会利益或他人利益的潜能受到遏制，未能充分发展，导致孩子头脑的混乱和对社会生活的不适应。清晰界定的约束则有助于形成安全感，让孩子明白自己的社会职责。若非如此，孩子将无所适从。我们料想得到，这么多不快乐、忤逆的孩子哪怕将来重新

“发现自我”，也是以消极的方式。自由意味着秩序。没有秩序，亦无自由可言。

为了帮助孩子，我们必须抛弃强制服从、专制过时的老套路，建立基于自由和责任原则的新秩序。不能一味强迫孩子顺从，而是激励和鼓舞他们自愿参与维护秩序。我们急需全新的育儿原则代替过时的传统。

经由多年来与家长和孩子的共同努力，我们逐步形成了一套原则，将在本书后续章节逐一介绍。我们的“儿童指导中心”就像人际关系实验室，可以用来验证我们的新原则是否行之有效。一开始，我们必须阐明在家庭内部平等相处的基本要求。而想让这些基本原则嵌入传统，无疑需要时间和坚持不懈的努力。①可是若非如此，现有亲子关系的混乱和无效势必得不到纠正。

---

① 此处我们有一个有意思的发现，全世界任何文化自主、儿童原本依据固有文化模式行事的国家，一旦受到民主发展理念的影响，儿童也会出现类似行为不端的现象，给家长和老师带来类似困扰，如同在美国发生的情形一样。

UNDERSTANDING THE CHILD

第二章 理解孩子

六岁大的博比坐在桌子边涂蜡笔画，妈妈则在计划一周的食谱。博比开始用脚踢地板。“别踢了，博比！”妈妈恼火地说。博比耸耸肩，停了下来。可是很快他又踢了起来。“博比，我说了别吵我！”妈妈又训斥他。可是没过一会儿，他又故技重演。妈妈啪的一声摔了钢笔，打了博比一巴掌，大声吼道：“我说了别这样！为什么你总是要让我生气？为什么你就不能老老实实坐着，一声不吭呢？”

博比也不知道自己为啥一直踢地板，所以没法回答妈妈的疑问。但他的行为并非没有原因，而且我们亦有办法应对，不至于让妈妈和博比卷入冲突，各自难受。

不过，我们必须懂得一点儿心理学机制，方可知道如何激励孩子有效合作。

我们知道，所有的人类行为都有目的，亦即不断趋向目标的运动。有时候我们清楚行为的目的，有时候不清楚。我们大概都有如下自言自语的体验：“这种事情我怎么干得出来？”如此困惑并非没有理由，因为我们没有意识到自己的行为动机。孩子也是如此。如果我们想纠正孩子的行为，首先必须弄明白行为背后的动机何在，否则谈何改变？唯有改变动机，我们才能引导他改变行为方式。有时候我们可以通过观察孩子的行为想要达到的目的来发现他的动机。

上述实例中，妈妈被惹火了。可见博比想激怒妈妈——当然，有隐情，并非故意。妈妈吼他、打他，对他来说就是胜利，因为他想要的，就是得到妈妈的关注。干吗停下来？看看效果多棒！只要妈妈的心思在他身上。这就是发现博比隐秘动机的线索。但博比并非有意如此，虽然他每天可能无数次这么干。而妈妈如此回应，无疑迎合了他的需求，强化了他的隐秘动机。如果他知道他的行为不能达到目的——亦即踢地板不会激怒妈妈，他还会这么干吗？相信他很快就会放弃。但是如果他自个儿安安静静地玩，可以从妈妈那里得到温暖的笑容、亲切的拥抱和夸奖的话语，他通过调皮捣蛋的方式获得妈妈关注的可能性也会大大降低。反之，如果妈妈让博比获得激怒她的满足感，或者因为不能让他停下来、打了他一巴掌而显示出挫败感，只会进一步激励博比激怒她或挫败她。博比只是通过踢地板表达他的感受——“看我一眼！跟我说说话，别光顾着埋头整理食谱！”如果妈妈感受得到，就会明白他的动机，亦即获得妈妈的关注，让自己有一个归属感。明白了这些，妈妈就能更好应对。一再勒令他不要这么做，只会错上加错，火上浇油。将来我们还会发现，妈妈还有很多别的方法可以化解博比的需求。

对归属感的渴求

既然孩子也是社会存在，他最强烈的动机就是对归属感的渴求。而安全感的有无在于他能否在群体中找到归属感。这是他的基本需求。他的所作所为都旨在找到归属感。从婴儿期开始，为了成为家庭一分子，他就忙着试验各种方法。然后通过观察和试错，得出自己的结论——虽然不能诉诸言语，但信号绝对很明确——“哈！如此这般我才有归属感。如此这般我才会被人关注。”他选择的任何方法都是为了这个基本目标服务。于是，方法变成近期目标，并构成行为的基础，亦即动机。归属感是基本目标，而他为了实现基本目标想出来的各种方法就是近期目标，继而我们说他的行为是目标导向的。但孩子意识不到行为背后的动机。你问博比为啥用脚踢地板，博比说他不知道并非撒谎。所以他找到归属感的方法是通过感知而非理智推断。他基于内在动机行动，通过反复试错学习。能让他找到归属感的行为就反复，否则就放弃。于是，我们就有了引导孩子的基础。但是，除非我们明白孩子对归属感的感知方式，否则也有很多误区。

在讨论孩子为了获得至关重要的归属感而选择的各种方法或不当目标之前，我们必须对健全儿童的特点有所了解：他的观察方式，他的内外环境，以及他的家庭地位。

大人在做，孩子在看

孩子其实很善于观察，但对观察结果的阐释容易出错。他们经常据此得出错误的结论，选择错误的方式，以找到归属感。

三岁大的贝丝是一个快乐可爱的小女孩，长得又快又好，父母甚是欣慰。不到一岁就会走路，十八个月大就会自己如厕，两岁就可以清晰表达。因为聪明伶俐，她很得大人欢心。突然有一天，她开始以呜咽甚至哭泣的方式来表达需要，大小便也不利索了。原来，在这些貌似退化的行为出现之前两个月，家里多了一个小弟弟。前三个星期，贝丝对小弟弟可感兴趣了，专注地盯着妈妈给他洗澡、更衣和喂食。但每当贝丝想帮忙，妈妈都会坚定但亲切地拒绝。之后贝丝似乎渐渐兴味索然，也不再去儿童室。很快就出现了那些扰人行为。

亲眼目睹小弟弟受到所有关注的贝丝，觉得妈妈被这个大家期盼已久的小弟弟夺走了。因为妈妈大多数时间都在关注小弟弟而不是她。贝丝的观察没错，妈妈确实更关注完全不能自立的小弟弟，但她据此得出了自己失位的错误结论，从而以为像小弟弟那样不能自立、大小便不能自理可以让她重获关注和地位。但她没有意识到与小弟弟相比，自己也有很多优势。①

五岁大的杰里和妈妈经常冲突。妈妈让他干啥，杰里都要争论、拒绝，而且经常大发脾气，弄坏玩具、餐具和家具。妈妈分配的家务，他总是有办法推脱不干，除非受到强迫和惩罚。妈妈很困惑，因为自己明明树立了“先尽义务再享乐”的好榜样。其实杰里早就发现，爸爸总是对妈妈言听计从，而且为了家庭和睦，总是屈服于妈妈愤怒的压力。爸爸最怕吵吵闹闹。还有几次，妈妈想对杰里严厉的时候，爸爸反倒为他求情。

杰里看到甚至羡慕妈妈的权力，由此形成一个人有权力就有地位的错觉，因而也想获得类似地位。他模仿妈妈，以生气作为获得权力的武器。妈妈其实对他毫无办法，这一点他感受到了，但妈妈没有。她以为惩罚杰里就是自己占上风，但从未意识到杰里下回使性子发脾气其实是在报复，是

① 稍后我们再讨论如何解决贝丝的问题。

他们新一轮的权力斗争，占优势的其实是杰里。既然他通过权力获得地位的办法屡试不爽，所以何错之有？但你们觉得杰里快乐吗？他能学会对一个群体来说必不可少的互惠互利吗？发脾气就可以帮助杰里解决所有人生难题吗？所有事情他都可以高人一等吗？将来他如何与女友/妻子相处？他到底如何看待人类的尊卑贵贱？

孩子的内在环境和外部环境

孩子对身边发生的一切都看在眼里，通过观察得出结论，据此寻找自己的行为指引。从婴儿期开始，他必得不断调整，学习如何适应内在环境和外部环境。遗传天赋就是孩子的“内在”环境。出生后头一年，大部分时间里他都用以试验和适应身体，学习如何手脚并用、移动位置、拿到自己想要的东西，学习如何让身体听从号令，学习如何通过视觉、听觉、触觉、嗅觉和味觉感受世界，进而消化吸收，解释世界。慢慢长大后，他“人”智初开，学会如何解决问题。所有这些成就都是他学会如何适应内在环境的过程。他慢慢发现自己的能力和不足。碰到困难或障碍，他要么放弃，要么校正。有时候，有所欠缺的孩子甚至会发展出某些特殊技能［我们称之为“过度补偿”（overcompensation）］。

伊迪丝先天没有右胳膊，但她的双胞胎姐妹伊莱恩一切正常。可是伊迪丝没有被身体的严重缺陷吓倒，伊莱恩能做到的，她也可以。还在地上爬的时候，她就学会下肢贴地、拖着脚后跟快速爬行，紧跟着伊莱恩不放。穿衣服、系纽扣、绑鞋带、整理头发甚至洗澡都不在话下——单靠一只左手。家务活也干得有声有色，甚至还会针线活。如今她已结婚，是一个很出色的家庭主妇，基本上不需要别人帮忙。

艾伦五岁时得了小儿麻痹症，右腿肌肉萎缩。妈妈帮助并且鼓励他多运动。她最推荐游泳，艾伦也很喜欢。十六岁的时候，艾伦已完全克服此缺陷，成为学校游泳队的明星。

四岁大的米琪是家里四个孩子中的老幺，先天就有严重的视觉障碍。虽然并非全盲，但生活完全不能自理。穿衣进食都要别人帮忙，只有被人牵着才可以走一点点儿路。但家人都无微不至地照顾她，逗她开心。面对自己的身体缺陷，米琪投降了，一切都要别人代劳。

看到这里，读者可能会抗议我们过度简化，对这些残障儿童受到的外界影响只字不提。其实，这是我们有意如此，旨在阐明这些孩子应对身体缺陷的不同态度和方式，而这些对身边人的影响超乎我们的认识。伊迪丝的意志——不想落后于双胞胎姐妹——赢得了妈妈的敬佩，也让妈妈更容易鼓励她。艾伦积极自助的决心使得妈妈更好地帮他训练。而选择自我沉沦的米琪得到了身边人的同情和照顾。如果他们最初的决定并非如此，每个故事的结局也将不同。

孩子在学习适应内在环境的同时，也在跟外部环境打交道。婴儿的第一个笑容就是他跟社会的首次接触，是他对家人鼓励的回应，而以微笑回报微笑的做法也让他觉得舒服。由此，他完成了首次成功的人际交往。而他与外部环境的接触势必随着适应内在环境的发展而发展。当然，如果他此时碰到障碍，也会选择放弃或校正。

对孩子人格发展有影响的外部环境大致可分为三个。

第一个是“家庭氛围”(family atmosphere)。孩子主要通过他与父母的关系感受社会。正是通过父母营造的家庭氛围，孩子得以体会所处环境的经济、种族、宗教和社会影响。他吸取家庭的价值观、道德观和约定，努力融入父母设定的家庭模式或规范。他对“物质享受”的观念，反映了家庭的经济取向。他对不同人群的态度与父母的趋于一致。如果宽容是家庭模式之一，孩子可能也会认可这一价值观。如果父母看不起“非我族类”，孩子可能也会受影响，在群体和社会关系上寻找优越感。早期宗教熏陶的意义广受认同，虽然孩子对宗教的反应可能很不一样。尤其是父亲和母亲之间的关系，孩子更是一眼就可看穿。

父母关系为所有的家庭关系奠定了基调。如果父母之间温和、友善、互助，孩子和父母之间或孩子和孩子之间可能也会如此。合作由此成为家庭规范。如果父母之间充满敌意，都想控制对方，孩子之间恐怕也会如此。如果父亲独断、强势，母亲温顺、宽容，“大男子主义”可能会成为首要模式，尤其是对男孩子。虽然如今男女日益平权，女孩可能也会服从此大男子主义。父母关系由此成为孩子发展个体角色的指南。如果反过来，母亲是强势一方，孩子可能也会模仿她谋求强势。父母的争权夺势使得竞争成为家庭规范。一家子所有孩子共同具备的个性无疑是父母营造的家庭氛围的体现，但并非所有孩子都一个样儿，甚至差异极大。这又是为什么？

孩子在家庭星座的地位

第二个外部环境是“家庭星座”(family constellation)。该术语用以显示每个家庭成员之间的独特关系，就像星星与星星之间的关系组成北斗七星一样。每个家庭都有自己的独特形态。彼此的回应和影响导致人格发展的差异。每个人在家庭星座的地位——亦即他扮演的角色——某种程度上，对整个家庭模式和其他兄弟姐妹的人格都有影响。

母亲、父亲和孩子，这是一个家庭的初始形态。母亲的角色不同于妻子，犹如父亲的角色不同于丈夫。恰是孩子的存在为夫妻关系提供了新维度。从孩子的角度看，他是关注的接收端；从父母的角度看，他们是关注的发出端，而母亲因其角色通常提供了大部分关注。由此形成三位一体的“发出和接收”交互模式。甚至有可能出现父母中的一方与孩子结盟反对父母中的另一方的现象。而且如此结盟通常由孩子挑起，经由其行为强加给父母。

此时，第二个孩子降生，原本三位一体的关系有了新变化。“孩子王”突然倒台。面对他的地位变化，面对新来的“篡位者”，面对允许这一切发生的爸爸妈妈，他必须调整立场。新要素的闯入改变了人际关系，进而改变了家庭星座。新来者如今才是宝宝，那么大宝宝势必重新调整地位不可，虽然这个“宝宝”的含义在大宝宝和小宝宝眼里并不一样。

如果又有第三个孩子诞生，家庭星座的地位又要发生变化。爸爸妈妈现在有三个孩子。老大早已倒台，此前“篡权”的老二亦被夺权，夹在老大和老幺之间。以后如果再有孩子出世，因为交互和地位的变化，家庭星座的形态也要跟着变化。所以我们才说一个大家庭的孩子各不相同，虽然他们本应结成统一战线，但更可能出现的情形是，相比同一个家庭的老大和老二，两个不同家庭的老大反倒更有相似之处。

家庭星座的变化，导致孩子地位的变化。俗话说“这山望着那山高”，别人的地位总是好过自己。先是老二对老大形成威胁，老大必得调整自己的内在环境，要么自暴自弃，要么力争领先，至少在某些领域。对老二来说，情况也大抵如此。他通常会忌恨老大的优秀，要么放弃，要么超越。地位排行的重要性完全依每个孩子的看法和阐释而定。并非所有老大都会自动奋力争先。由于看法和阐释不一，每个家庭星座也各具特色。但这些早期推断会持续影响孩子，甚至其一生。由于大多数家庭高度竞争，老大和老二的竞争尤其激烈，经常导致他们背道而行。加上父母往往被错误观念误导，以为让每个孩子互相竞争有助于更大进步，使得上述事态更加突出。结果适得其反：孩子往往把自己不擅长的领域拱手相让给更成功的兄弟姐妹，灰溜溜地转攻别的领域。老大如何成功姑且不论，老二定会觉得该领域已被征服，不如另辟蹊径。

如下实例精彩描述了家庭星座的演化及其后果。

A夫妇都受过大学教育，主动、机敏、活跃，学术水准和成就无可指摘。帕蒂出生后，他们欣喜异常，自然而然希望她有一个“远大前程”。每个成长阶段，帕蒂都备受赞美和鼓励。十个多月大的时候，帕蒂迈出人生第一步，A夫人更是无比自豪。帕蒂刚过一周岁，就会自己上厕所。这么聪明的宝宝让父母激动万分。帕蒂感受到她所获得的认可，更加努力保持。等她十四个月大的时候，弟弟斯基珀出生。他的表现一开始就不如帕蒂，体重不怎么长，第一颗牙也出得晚。而爸爸原本想要一个强健、很“男人”的儿子，对斯基珀很是担心和苦恼。与此同时，帕蒂也在审时度势。随着斯基珀越长越大，她发觉自己大有可为。但斯基珀对她总是威胁——也是障碍。如何保持她在爸爸妈妈心中的地位？当然，这些不是帕蒂理性思考的结果，而是她对现状的感知，并在无意识层面做出的反应。她感知到爸爸对弱子的失望，就趁势表现得更加活跃。斯基珀略有小成，她就很警惕，逼着自己出新成就，以继续领先——保住第一的位置。就这样，帕蒂日复一日专注于迎合父母的要求和标准，始终跑在斯基珀前头。必须事事第一或最好，成为她的错误认知。她还想方设法阻碍或打击斯基珀，对他的所作所为嗤之以鼻。

与此同时，斯基珀对内在环境和外部环境的体认也在发展。他开始意识到自己达不到爸爸妈妈的期望，并忌恨姐姐的聪明能干。他尝试做很多事情，但都抱着不一定能成的心态，很早就有点破罐子破摔的意思。跟姐姐相比，自己压根没有机会，这是他越发强烈的错误认知。每回爸爸妈妈说“帕蒂跟你一般大的时候就会了，为什么你不可以”时，他对自己的沮丧、对帕蒂的怨恨可想而知。父母的不满在他眼里成为自己终将一无所成的定论，于是索性放弃努力。

这个家庭的相互关系发展至此，可以看出，斯基珀对帕蒂已不是威胁，后者通过自己加倍努力解决了这个问题。斯基珀出生时的外部环境不同于帕蒂，虽然父母的成就标准都一样，但他有一个符合父母预期的大姐姐。由于身体条件先天不足，斯基珀评估尝试之后，发现似乎这是他无法克服的障碍，于是灰心丧气，得出他不可能有所成就、超越姐姐的结论。于是，如何找到他的位置？嗯，爸爸妈妈似乎很关切他的能力不足，时不时逼促、强迫、告诫他。父母对他越不耐烦，他的回应就越是大哭。爸爸妈妈就会心生歉意，更加关注他。所以，那就这样吧。

帕蒂三岁三个月大的时候，凯茜出生了。帕蒂立刻发现自己多了一个妹妹竞争。但人生阅历大幅增加的她，自觉意识到刚出生的妹妹多么无助，很快就可以熟门熟路地帮助妈妈照顾小妹妹。可是随着凯茜日益长大，帕蒂又警惕起来。家庭星座至此又有变化。帕蒂要领先弟弟妹妹。他们任何一个人的成就对她都是威胁。每回他们得到父母的认同，帕蒂就有一股醋意。可是，她任何“嫉妒”的表达都会招致父母的责备。于是，她开始学习如何掩饰。

斯基珀见又多了一个聪明伶俐的妹妹，更加感到无助。男女孩的性别差异对他无甚帮助，再说他也不是爸爸期待的那种男孩。斯基珀如今夹在中间，两头受气。既不是伶俐的小女孩，也不是阳刚的小男孩。每有挫折或气馁，他就放声大哭，大家都说他“娘娘腔”。于是他更加退缩，对生活“半心半意”。他经常跟帕蒂而不是凯茜一起玩，甘于服从，被帕蒂“使唤”。

凯茜则可爱伶俐，从婴儿期开始就是大家关注的中心。现在有四个人可以照顾她。随着她对环境的感知，她意识到父母的成就标准，发现帕蒂在前头遥遥领先、斯基珀基本不及格。关键是，她发现帕蒂和斯基珀经常挨骂——帕蒂因为容易激动和发火（可以说是她对父母过于关注弟弟妹妹的报复），斯基珀因为漫不经心和动辄哭鼻子。两岁大的时候，凯茜发现自己适合做一个快乐、满足的“好”女孩，找到了自己的定位。

帕蒂六岁半上学，就在她因为上学和成为妈妈的好帮手而觉得自己越发重要的时候，艾琳出生了。虽然艾琳对帕蒂也是威胁，但如今帕蒂在家里地位根深蒂固，基本不把艾琳当回事。但为了保险起见，她还是竭尽所能，让艾琳长不大对她最有利。以前，每当妈妈让帕蒂“帮艾琳”干这个干那个的时候，帕蒂总是乐意代劳。可是当妈妈要她教艾琳如何系鞋带的时候，帕蒂就有点犹豫了。虽然勉为其难做了一番精彩的教学表演，她还是不失时机地打击艾琳，说她太笨了。斯基珀对艾琳基本视而不见。又多了一个女孩而已！大同小异。妈妈总是说斯基珀好像半梦半醒。凯茜主要自个儿玩，脑袋瓜倒是灵活，很少招惹麻烦或责骂。艾琳好像真的长不大，全家人都很照顾她。

就这样，等到艾琳三岁的时候，家庭星座的面貌如下：父母很活跃，要求很高；帕蒂九岁半，聪明、能干，学习成绩亮眼，抱持不是第一就不重要不优秀的信念；斯基珀，八岁半，懦弱、无能、气馁，相信会哭的孩子有糖吃，总是让别人觉得对不起他；凯茜，六岁，属于大的不疼小的不爱那种，但快乐、满足、正直——通过良好行为取悦他人，不在乎成就；艾琳，三岁，可爱但笨笨的“婴儿”。对于人生，他们各得其所，冷暖自知。

毋庸多言，并非四个孩子的家庭都会如此演变。我们的例子旨在说明一个特定家庭的情况。老大泄气、老二反超的情形并非没有可能。比如，老大是一个相貌平平的女孩，老二也是女孩，但非常可爱，更受大家关注，结果让姐姐黯然失色。家庭星座的演变受制于每个孩子对当前状况和机会的解释，以及他据此做出的决定。上述家庭完全可能变成另一个情形。比如，帕蒂觉得父母对她的要求难以实现，而且弟弟对她构成很大威胁，于是她可能有所退让甚至放弃。而斯基珀可能觉得不如努力学习，以好成绩来弥补身体条件的不足。凯茜也可能变成调皮的“假小子”，家里的“小恶魔”。于是老幺艾琳反倒变成家里最“乖”的一个。

每个家庭星座的成员根据他对自己家庭地位的感受而采取行动，而其行动又会对其他孩子产生微妙影响，受影响的孩子难免思考如何应对。而他对自己家庭地位的感受以及其他孩子行为的意义，又会影响他的决定。如果他的感受不成立——而这时常发生——我们很容易就会发现他的方向错了。如果父母尽早觉察这些错误观念（不幸的是，大多数父母对孩子行为意义的觉察比孩子强不了多少），就可以更好引导孩子更准确地估量自己。对此，后面我们再展开论述。

暑假的时候，十岁的乔治和八岁的大卫一起料理草坪。除非修剪、耙草这些活儿都干完，否则第二天妈妈不许他们去游泳。大卫管前院，乔治管后院。一天中午，大卫进屋说："妈妈，我可乖了，我的活儿都干完了。乔治还在街上玩，还没动手呢。""没错，亲爱的，就你最乖，"妈妈说，"麻烦你跑一趟，让乔治来找我。"大卫找到乔治，跟他说："妈妈找你，你有麻烦了。我的活儿都干完了，你没有。"乔治一听很生气，就动手打他。两人于是打了起来。回家后，大卫哭哭啼啼地跟妈妈告状，说乔治"无缘无故"打他。妈妈就教训老大："哦，乔治，为什么你总是不让人省心？你自己的活儿为什么不干？为什么对你弟弟这么坏？你们应该互相爱护而不是打架。"

自从大卫出生后，兄弟俩的关系就不和睦，乔治虽然才两岁，但完全不服管束：无礼、逆反、捣蛋，总是惹麻烦。妈妈经常找他算账。大卫却是一个异常快活的宝宝，对妈妈的爱意很快就能做出回应。妈妈动不动就说他是乖宝宝。她隐约觉得乔治在嫉妒弟弟，但不明白为什么，因为她还是花了很多时间在他身上。可是在乔治看来，小大卫篡夺了他的位置，又是个"乖"宝宝，很讨妈妈喜欢。于是乔治干脆退出竞争（而不是自我调整或发展新技能以打动妈妈），但以故意变"坏"的方式，让妈妈继续关注他。大卫虽然是一个好小孩，但巧妙地招惹乔治跟他干仗，从而显得乔治更

“坏”，而他更“好”。乔治也愿意跟大卫打架，作为对他篡位的报复。两个都不让父母省心，虽然方式不一，但都是从他们对自己地位的理解出发，并且互相配合以保持平衡。自然，哪个孩子都没能直觉意识到他们的理解之错误，以及他们为了争风吃醋所扮演角色之不妥。

三个孩子的家庭，一度也是宝宝的老二如今被老三篡位，夹在中间两头受气，可能是最难受的一个，因为老大老三经常联合起来对付他。突然之间，他发现自己不大不小，既无大的优势也无小的特权。被冷落甚至被冒犯自是难免，人生和世人对他不公的错觉油然而生，而为了让此错觉言之有理，他可能会故意挑衅。除非他有朝一日改变观念，否则世人不公、人生无望的错觉可能伴随他终生。虽说如此，如果老二恰巧比老大老三都成功，公平的不可或缺也会被他善加利用和鼓吹。在妈妈定标准提要求的家庭，如果老二是女儿，老大老三都是儿子，她可能会模仿妈妈，一切力求完美；同时刻意凸显女性气质，先在家里，以及后来的人生中。可是如果男子气概在家里占优，作为老二的女儿为了竞争，可能会变成“假小子”，比哥哥弟弟更“男人”。同理，如果父母以没有儿子为憾，女儿可能会借助男孩子气的行为，以获取他们的欢心。夹在姐姐妹妹之间的男孩则情况不一。如果他“真的”很男孩，就可以胜过姐姐妹妹，占尽优势。然而，如果妈妈说了算，作为老二的男孩可能感受到她对没用父亲的蔑视，发现自己处境艰难。他可能会退缩，觉得百无一用是男儿。另一个可能，他与妈妈结盟反对爸爸，变得更“男人”，或是与爸爸结盟击败妈妈夺权。一切要看他对自己地位的理解和他的无意识决定。

四个孩子的家庭，老二和老四经常结盟，这从他们兴趣、行为和个性的相近一眼可见。相互竞争的孩子之间，最显著的差异就在兴趣和个性。虽然没有一般规则可以指明孩子的结盟和竞争会如何发展，但这些差异的存在对家庭星座的图景至关重要。相似之处体现了整体的家庭氛围，差异则是孩子所扮演不同角色的结果。

一个家庭如果只有一个男孩，其余全是女孩，不论男孩地位如何，性别之差异对他都是双刃剑，要看家庭对男性价值的认定以及他对自己能否胜任男性角色的评估而定。只有一个女孩、其余皆是男孩的家庭也是如此。虚弱、老是病恹恹的孩子被健康、强壮的孩子包围，如果家里人一致同情他，没准发现自己的弱势反倒有利。但如果家人以健康强壮的体魄为最、以虚弱为耻，他就会四处碰壁。此时，他要么选择放弃，自怨自艾没有地位，被生活暴击，要么选择奋起，克服疾病和障碍，进而追上甚至超越健康孩子的成就。在一个活力十足的家庭里，任何选择都会造成困扰。比如，一个有先天性心脏病的孩子，再怎么努力也难以恢复健康。选择放弃，势必被鄙夷。但他也可以从完全不同的领域——比如成为学者而不是运动员——寻获地位。

在第一个孩子夭折之后出生的孩子，势必面临双重困境。其实他还是生活在老大阴影下的老二，但名义上拥有老大的地位。另外，痛失头胎的妈妈很可能过度保护，恨不得用棉絮把他裹得严严实实。于是，他要么沉溺于令人窒息的氛围，要么奋起抗争而独立。

家庭老幺的地位很独特。一开始因为完全不能自理，他很快发现自己有很多仆人。除非父母特别留心，否则小宝宝很容易独享特权，让全家人都为他忙活。“无助小宝宝”的角色——一味接受而不付出——虽然舒坦，但不无危险。

独生子女的困境则是另一回事。他是成人世界的孤儿，抑或被巨人环绕的侏儒。没有兄弟姐妹可以帮助他确立与同龄人的关系。取悦或操纵成年人可能成为他的目标。他要么仿效成年人的视角，过于早熟，急切地想跟成年人齐平；要么永远像个宝宝茫然四顾，自认为低人一等。他与其他小孩的关系通常紧张、摇摆，难以理解同龄人，后者则觉得他

“娘娘腔”。除非早早就让他经历群体体验，否则难以发展出同龄人的归属感。

没有“理想”的家庭规模可言。不论几个孩子，家家都有一本难念的经。孩子数目的差异以及每个孩子对自己地位的认识不同，使得困难也各不相同。不论孩子数目多寡，相互之间的影响和冲突——孩子和孩子之间、孩子和父母之间——恒在，所以并不存在某个单一的决定因素。如同上述乔治和大卫的案例可见，对于自己和他人的发展，每个人都有小算盘。乔治看得很明白，小宝宝大卫夺走了妈妈的关爱和关注。哪怕他再“好”也无济于事。可是如果他调皮捣蛋，妈妈至少会干涉、修理他！于是，相比被冷落，他宁可挨骂，可见他心里很清楚。听起来吊诡的是，乔治更想变“坏”，因为可以借此建立他的家庭地位。“我就是‘坏’，他们拿我没办法，所以我才显得重要。”当然，这不是乔治的自觉意识，但他觉得可行。于是故意调皮捣蛋，重获妈妈的关注。遇到自己无法克服的障碍，他不开心，沮丧，于是尝试以消极手段解决问题，别无他法。但他就是没想到，自己拥有小宝宝不具备的本事。而妈妈对他调皮捣蛋的经常回应，无异于纵容。如果爸爸也责备他“为什么不能像你弟弟那样”，乔治将进一步确认变“坏”可以让他受到关注以及小宝宝确实"好"的事实。随着大卫越来越大、越来越"好"，乔治受到的压力也将与日俱增，导致他更不遵从爱护弟弟的指令，因为弟弟在他心里早已是打倒他的敌人。大卫以"好"保位，并刺激乔治变"坏"。而爸爸妈妈对"坏"的打压、对"好"的褒奖，无异于火上浇油，让兄弟越发阋墙。

由此可见，孩子对外部环境的反应可谓五花八门。对父母来说，亲子关系如何发展，并不存在一以贯之的经验法则。可是父母如果对家庭星座有所了解，原本似乎费解的难题将顿时豁然开朗。仔细观察有助于理解孩子，处理状况的前提是感知状况。

孩子的反应

关于"塑造孩子人格"的说法和论著如今甚嚣尘上——仿佛孩子是一块陶土，可以任我们捏造，变成可被接纳的社会人。这个观念其实很有问题。如上述可见，事实恰恰相反。在比我们料想的更早的时候，孩子就开始塑造自己、父母和环境。孩子是积极主动的存在，与我们共同参与了人际关系的确立。每一个关系的确立都独一无二，完全有赖于每个人的参与。而关系双方——不论大人与大人、小孩与小孩还是大人与小孩——的互动，则决定了人际关系的演变。任何一方皆可改变人际交往的要素，进而改变整个人际关系。通过创造力和努力找到自己位置的技巧，孩子得以发展与他人的关系。如果该方式有效、可以达到目的，就会被孩子沿用以确立自我认同。有时候他发现同一个技巧不能对所有人奏效，这时他有两个选择：要么回撤，不与该人协作；要么采用新技巧，开发全然不同的关系。

九岁大的基思是独生子。在家里讨人喜欢、容易相处。帮忙干家务，竭力取悦父母。他安静、有礼、顺从，保持房间整洁，也不乱扔玩具。可是，他在学校有麻烦。老师说他“孤僻内向”。他不惹事，但对功课不上心，老是走神，需要老师不断提醒。他不跟同学交往，拒绝参加球类运动，丝毫不想参与班级活动。

基思在家里是成人世界的孤儿，通过取悦身边的大人找到自己的定位。在学校，他被同学戏弄，因为不搭理人，拒人于千里之外。起初他想通过功课引人注目，但未能奏效。老师不觉得他出类拔萃，也没有对他另眼相看。他又不懂如何在球类运动中与同学竞争，甚至不会投球。虽然很有礼貌，但同学不以为然。难怪他老是走神，避免与同学发展新关系。

哪怕同一对父母，与孩子的关系也不尽相同。

五岁大的马戈和七岁大的吉米调皮捣蛋，每天都让妈妈跳脚。好不容易这个消停了，那个又惹事。不论他们要什么，总是大哭大喊大闹，直到得手才罢休。可是，如果爸爸在，他们又乖得像什么似的。只要爸爸瞅一眼，他们丝毫不敢造次。所以爸爸完全不能理解妈妈的抱怨。“他们一直很怕我。”爸爸得意扬扬。

孩子明白妈妈总会满足他们的要求，干了什么坏事也不过被骂几句，可是爸爸说一不二、柔中带刚，孩子知道他有底线，妈妈没有。

不论家里人有什么困难或苦恼，如果全家人齐心合力，融洽相处，终会有所改善。没有完美的人际关系。我们最多只能盼着大家可以合力以期改善。如果父母可以体认到老二觉得自己被排斥的感受，就可以有迹可循，帮助他重新找到位置。如果他们知道老大被老二的快速进步搞得万念俱灰，就可以多多鼓励他，让他凭借自己的能力重获自信。如果父母明白老幺通常很会使唤别人，就可以帮助他认识到他完全可以自食其力，而无须让别人围着他团团转的人生才有意义。

孩子对自己家庭地位的阐释以及随之而来的反应不一而足，跟人类的创造力一样无限。敏感警觉的父母审时度势之后可以自问：“我们的孩子对于现状有何想法？”可是，我们大人更容易把自己在相似状况下的决定强加给孩子，而无视极大影响他们行为的“私人逻辑”。

如今时兴的各种“育儿技巧”是孩子外部环境的第三个因素。稍后我们将深入探讨各种有效合宜的方法、技巧，届时我们至此论及的两个外部环境因素——亦即“家庭氛围”和“家庭星座”——的重要性也将越发明晰。但是目前我们似乎应该暂时搁置，后退几步，好好打量我们的孩子。他们如何应对自己的内在环境？校正，甚或过度补偿，如何形成和发展？他经由观察搜罗了什么印象和感受？他在家庭星座的地位如何，这对他意味着什么？随着后续对育儿技巧的深入论述，这些问题的答案将越发有迹可循。

ENCOURAGEMENT

第三章
鼓励孩子

抚养孩子之法千条万条，当数鼓励最为重要，以至于缺失鼓励一般而言皆可被视作行为不端的罪魁祸首。行为不端的孩子通常也是灰心丧气的孩子。就像植物需要水，每个孩子也需要持续不断的鼓励。缺少鼓励，成长、发展和获取归属感几乎不可能。然而，如今时兴的育儿技巧却是接二连三令人灰头土脸的体验。在小朋友眼里，大人似乎格外高大、卓有成效、无所不能。虽说印象如此，让小朋友不至于落荒而逃的，正是他们与生俱来的勇气。这是多么了不起的勇气！如果我们大人身处类似劣势，比如与无所不能的巨人一起生活，我们的表现未必比得上他们。孩子对不同困境的应对，最主要就是为了习得技能，克服内心深处的渺小和不足感。融入家庭成为一分子，这是他们最真切的愿望。可是，他们获取认同和地位的尝试，不断遭遇挫折。对此，许多时兴的育儿技巧难辞其咎。

潘妮，四岁，跪在餐桌上看着妈妈收拾食品杂货。妈妈从冰箱里拿出盛蛋器搁在桌上，并从杂货袋里拿出鸡蛋包装盒。潘妮伸手够鸡蛋，想帮忙把鸡蛋放入盛蛋器。“别动，潘妮！”妈妈大声喊，“你会把鸡蛋打破的。还是我来吧，宝贝。等你长大了。”

不经意间，妈妈让潘妮受挫，年幼这个事实则被潘妮铭记于心！更别说由此伤及潘妮的自我认知。可是你知道吗，哪怕两岁小孩也可以小心处理鸡蛋？我们就见过这样的小孩，以小心得近乎虔诚的样子，把鸡蛋一个个放入孔洞。而当他大功告成的时候，自豪的小脸焕发的光芒超乎你的想象！妈妈对此的喜悦也是不言而喻！

三岁的保罗正在穿防雪装，好跟妈妈逛商店。“过来，保罗。我帮你。你太慢了。”

在妈妈快速穿衣的魔法面前，保罗感受到了自己的无能。垂头丧气，他索性放弃，让妈妈代劳。

以成百上千种方式，不论口气还是行为，我们都在向孩子暗示他们的无能、笨拙和低人一等。即便如此，他们还在苦苦寻找好好表现！

不是让孩子以成百上千种方式验证他们的力量，我们反倒时常让他们直面我们的偏见，亦即对他们能力的怀疑——并以此为理由，为不同年龄段设定可以放心让他们干什么的不同标准。两岁小儿想帮忙收拾桌子，我们却迅速从他手中夺过盘子，说：“别动，宝贝。你会打碎的。”区区一个盘子，让我们不惜打碎一个孩子对自己的能力刚萌发的自信。（莫非你们觉得塑料餐盘的发明者身边也被热切的小手包围着？）我们高高在上，显得聪明、胜任、能干，却阻止了孩子对自己的潜力和潜能的发掘。小孩子自己穿鞋——“不对，穿反了！”小孩子第一次自己吃饭，弄脏了小脸、婴儿椅、围兜和衣服——“瞧你乱七八糟的！”我们大声数落，从他手里拿过勺子，喂了起来，由此向他显示他的笨拙和我们的能干。不仅如此，如果他出于报复不肯张嘴，我们还会火冒三丈！日复一日，我们摧毁了孩子通过证明自己有用而找到自己地位的尝试。

而我们对打击孩子自信的做法浑然不觉。首先，我们以软弱无能为由排斥他们——此态度本身就让人沮丧。我们不信任他们的能力，而是自以为等他们“大一点儿”，自然水到渠成；鉴于他们现在还小，能力欠缺不足为奇。

每当孩子犯错或未能达成某个目标，切记不可以言行暗示他们是废物一个。“可惜没成。”“很遗憾你没有成功。”我们必须对事不对人，牢牢记得，所谓“失败”只是表明某种技能的缺失，而与人之所以为人的价值全然无关。只有那些虽然犯错失败但不觉得低人一等的人方有勇气可言。这种“不完美的勇气”，不仅大人，小孩也需要。否则，灰心丧气必不可免。

鼓励孩子的一个关键在于，避免因为羞辱或过度保护而让他们气馁。任何加剧孩子不自信的言行都可谓雪上加霜。另一个关键在于，懂得如何鼓励。任何时候，只要可以让孩子提振自我、信心满满，我们就是在鼓励他们。可是这个问题没有标准答案，必须由父母对效果进行仔细观察和研究，反复自问："这个办法对孩子的自我认知有何影响？"

孩子的自我认知可由他的行为窥见一二。对自己的能力和价值有所怀疑的孩子往往破罐子破摔，不再通过有用、参与或贡献寻找归属感。万念俱灰之际，他转而自暴自弃、调皮捣蛋。反正一无是处，但这么一来，至少可以让自己被关注。挨打总好过无人问津。做一个"坏小孩"反倒更有存在感。因为他内心早已认定，没有指望通过协同行为获得一席之地。

由此，鼓励必须持续不断，旨在给予孩子自尊和成就感。早在嗷嗷待哺的时候，他就需要大人帮助，通过成就找到自己的位置。

七个月大的芭芭拉如果被扔到游戏护栏里置之不理，就会大发脾气。小小婴儿这么大脾气，连妈妈也啧啧称奇。只见她弓背猛踢尖叫，气得脸色发青。作为五个孩子的老幺，芭芭拉从出生起就一直有人抱。坐在妈妈的腿上吃东西，哪怕在游戏护栏里也要妈妈时刻盯着。妈妈有事儿不得不离开房间的时候，就会请一个大孩子帮她逗娃。不论打盹还是大睡，除非睡熟了才会被放到床上，但入睡前芭芭拉一般不怎么哭。妈妈老是怕她被惊醒，一有动静就赶过来。芭芭拉快乐地跟她打招呼。妈妈一直觉得她是一个快乐的小宝宝。

虽然才七个月大，芭芭拉已经显示出气馁的迹象。只有别人一直围着她逗她玩，她才有归属感，一被冷落就怅然若失。除非成为众人关注的焦点，否则难以参与融入家庭。

有人会问："可是小婴儿如何参与融入呢？"人之所以为人，首要之处就是自立。从一出生，孩子就必须学习如何照顾自己。芭芭拉也是如此，必须学会如何自娱自乐，而不是片刻离不开人。妈妈虽然很爱芭芭拉，想让她快乐，但有点呵护过度了。芭芭拉很快懂得哭最管用，因为妈妈竭尽所能就是为了不让她哭或不开心。虽然她想让芭芭拉快乐的初心无可指摘，却不知道自己妨碍了孩子的自立。芭芭拉发脾气，妈妈有时候可以置之不理，想哭就任她哭，给她玩具自玩自处。这反倒是鼓励。每天设定一个时间段让芭芭拉自己照顾自己。新训练的最佳时间段或许可以设在早上大孩子在学校、妈妈忙于家务活的时候。不过，对号啕大哭的婴儿置之不理确实于心不忍。对芭芭拉最有利就是对她最好的爱，妈妈不妨如是想，以让自己铁下心来。做一个“好妈妈”，并不意味着对孩子的所有要求照单全收。只有被所有人关注才会快乐的小孩未必真快乐。真正的快乐并非源自别人的关注，而是因为自给自足而从内心自我生发。相比其他家人，更需要让芭芭拉明白这一点，因为她前头有好几个能干的哥哥姐姐。

三岁大的贝蒂想帮妈妈收拾餐桌。她拿起瓶子，打算往杯子里倒牛奶。妈妈夺过瓶子，和蔼地说：“别动，亲爱的。你还小。我来倒牛奶。餐巾你来摆。”贝蒂闷闷不乐，转身离开房间。

孩子天生勇气过人，看见别人做什么，他们也跃跃欲试。就算贝蒂洒了牛奶又能如何？相比孩子的自信心受挫，损失那点牛奶根本不算什么。贝蒂既然有勇气接受新挑战，妈妈更应该鼓励她、相信她。如果牛奶真洒了，受挫的贝蒂更需要即刻鼓励。此时妈妈应该认可她敢于尝试的勇气，把洒出来的牛奶擦干净，然后轻声说：“再试一次，贝蒂。你可以的。”

在离家两个街区之外的游乐场，五岁大的斯坦无精打采地在沙坑里玩。安静、瘦削、严肃。他把沙子从一只手倒到另一只手。妈妈坐在旁边的长椅上。一会儿斯坦问："我现在可以荡秋千了吗？""如果你想荡，"妈妈回答，"让我抓着你的手，免得你受伤。"斯坦从沙坑里起身，抓住妈妈的手。"千万小心，离秋千远点，免得被撞到。"靠近秋千的时候，妈妈叮嘱他。斯坦坐上秋千，妈妈问："你想让我推你吗？"斯坦则问："我可以自己摆荡吗？""你可能会摔下来，"妈妈回答，"还是我来推吧。抓紧了。"斯坦坐着一言不发，小手紧紧抓住绳子，妈妈推了起来。很快他就觉得索然无味，溜下秋千。"小心，宝贝，"妈妈又抓住他的手，"别被其他秋千撞到。"他们经过单杠。斯坦站着不动，看着几个小孩曲膝挂在单杠上，晃来晃去、扭来扭去。"我能玩吗，妈妈？""不能，斯坦。太危险了。我们去玩滑滑梯吧。上去的时候小心，别摔下来。我在底下接着你。"斯坦缓缓地小心地爬上梯子，坐下来，小手紧紧抓住扶手，一点一点地滑下来。他的嘴角露出一丝笑意。"等一下，等其他小朋友滑完了，不然会撞到你。可以了，上去吧。"可是只滑了几次，斯坦就说累了，想回家。然后抓着妈妈的手，离开了。从头到尾，没见他叫过、笑过、跑过、蹦过。显然，他并不开心。

斯坦由于妈妈的极度呵护而气馁。她对斯坦可能受伤的恐惧让小男孩束手束脚，不能跟同龄人一起玩闹。他凡事不敢拿主意，总要先征求妈妈的意见。就算获准，玩起来也是“半心半意”，兴味索然。他的无精打采和闷闷不乐正是严重受挫的表现。生活本就坎坷。孩子若想阔步前行，必得学会承受痛苦。挫伤的膝盖可以自行愈合，受挫的勇气可能伴随终生。斯坦的妈妈必须有所认识，她不让孩子受伤的努力反倒直指他的无能，徒增他对危险的恐惧。五岁大的孩子足以在游乐场照顾自己，虽然不能让他一个人待着，但他完全可以精神抖擞，玩得不亦乐乎，并从不被秋千撞到和在单杠上挥洒自如的能力增强自信。还有，为什么他就不该体验从滑梯上高速下滑的刺激呢？

孩子需要空间，以习得和检验他们应对危险状况的能力。不是让父母漫不经心，如果事情确实有难度，父母完全可以守在边上。

八岁大的苏珊和十岁大的伊迪丝拿着成绩单回家。苏珊悄悄进屋，伊迪丝跑向妈妈。“看，我全是A。”妈妈仔细瞧了瞧，对此优异成绩甚是喜悦。“苏珊呢？”她问，“我想看看她的成绩。”伊迪丝耸耸肩。“她的成绩远不如我，”又加了一句，“可笨了。”苏珊想溜出去玩，被妈妈瞅见叫回来。“你的成绩单呢，苏珊？”“在我屋里。”她慢悠悠地回答。“得了几分？”苏珊不作声，低头打量地板。“我猜你又考砸了，是不是？拿成绩单给我看。”苏珊得了3个D、2个C。“我都替你害臊，苏珊。”妈妈爆发了，“这次你有什么借口？伊迪丝的成绩一直优秀。为什么不能跟你姐姐一样？你就是懒，不上心。我们家的面子都被你丢光了。不准你出去玩。回屋去！”

苏珊的学习成绩不佳与她的灰心沮丧不无关系。她是家里的第二个孩子，觉得无望达到妈妈要求的标准和“聪明”姐姐的水准。可是妈妈的进一步打击可谓雪上加霜。首先，没看到成绩单，妈妈就预感她成绩不佳。既然妈妈对她没有信心，苏珊索性就认了，自认废柴。其次，妈妈说替她感到害臊。苏珊更觉得自己一无是处。再次，妈妈对伊迪丝的好成绩赞不绝口，进而又通过暗示让苏珊觉得她的自我贬抑并非无中生有。妈妈说苏珊应该像姐姐一样，这是对遥不可及的目标的老调重弹。苏珊早就觉得自己根本赶不上姐姐。比她年长两岁的伊迪丝，凡事遥遥领先，苏珊早就觉得没有理由去费力追赶。妈妈又批评苏珊懒，使得她的一无是处又多了一个铁证。这还没完，她又指责苏珊让全家人丢脸。苏珊知道伊迪丝说她笨。只要可以保住自己是聪明孩子的地位，伊迪丝不惜打击妹妹的信心，再踩上一脚。最后，尚嫌不够，作为惩罚，妈妈禁止苏珊出去玩。

与成见相反，鼓动两姐妹竞争并非鼓励。相反，这让气馁一方的状况更加绝望，并让领先的那个更加焦虑，担心自己不能一直领先。因为她野心膨胀，为自己设立了不切实际的目标。除非一直领先，否则总有一天她也会觉得自己是窝囊废。

为了鼓励苏珊，妈妈必须停止凡事以伊迪丝为样板的做法。没有比较就没有伤害，苏珊有权利自行其是，而不是作为伊迪丝的拷贝。除非妈妈对苏珊有信心，并且表达出来，否则无法帮到她。如此家庭氛围下，苏珊的所作所为皆是别人对她的期望。一旦信心得以恢复，她的能力自会突飞猛进。改变动辄批评的做法，妈妈不妨对苏珊的任何进步明确表示认可，不管这进步起初如何微不足道。

让我们重现这一案例，说明如何鼓励一个早已万念俱灰的孩子：

八岁大的苏珊和十岁大的伊迪丝拿着成绩单回家。苏珊悄悄进屋，伊迪丝跑向妈妈。“看，我全是A。”妈妈瞧了一眼，叹了口气，说：“太好了。我很开心你喜欢学习。”（妈妈的评论重点在于学习，而不是成绩。此前的过度褒奖，在此处仅限于对成就达成的知晓。）意识到苏珊在回避，妈妈按捺下来，直到她俩单独相处的时候。“需要我在成绩单上签名吗，宝贝？”苏珊不情愿地递给她成绩单。妈妈仔细瞅了瞅，叹了口气，然后说：“看到你喜欢阅读（拿到C的科目之一），我很开心。阅读很有趣，对不对？”她抱了抱苏珊，提议说：“你愿意帮我收拾餐桌吃饭吗？”在此过程中，苏珊似乎很不安。最后她自己憋不住，说：“伊迪丝全是A，我大部分是D。”“重要的不是你跟伊迪丝一样全是A。总有一天，你也会爱上学习，发现你比自己以为的强多了。”

妈妈突然改变腔调，对苏珊有何影响，我们难以预料。一开始，苏珊可能觉得难以置信；妈妈不再抱持只有伊迪丝才有好成绩的隐秘认同。但苏珊此前一直确信，自己在学习上没有什么机会。在她看来，任何努力皆是徒劳。可是她没怎么努力的结果，阅读也拿了C，于是她感受到了自己的力量。而妈妈对此努力的认可，相当于给了苏珊重新评估自己的机会，也缓和了姐妹俩令人窒息的竞争。如此一来，她也是在鼓舞苏珊继续努力。苏珊则明白C并非一无是处的道理，不由得觉得："如果这都不算坏（并非没有指望），没准我可以更好。"如此微弱的希望之光就是鼓励，可以让苏珊更加努力。

十岁大的乔治不论在家还是在校都不安分。他兴趣广泛，但没有一个从一而终。学习成绩也是平平。在家里，他是三个兄弟的老大，老二八岁，老幺三岁。乔治喜欢跟老幺玩，但跟老二吉姆经常打架。吉姆学习成绩很好，凡事有头有尾，但兴趣不如乔治广泛。有一天，乔治自己动手做的两个书立就要完工。因为妈妈老是担心他虎头蛇尾，就想鼓励他一番："好可爱，乔治。你的书立可漂亮了。"让她大吃一惊的是，乔治突然掉下眼泪，把书立摔到地上，大声嚷嚷："哪里可爱了？难看死了！"头也不回，从手工房冲回房间。

为了鼓励孩子，乔治妈妈不吝赞美之词。但乔治的反应表明她的赞美非但没有鼓励到他，反倒适得其反——让他更加沮丧。为什么？赞美性的鼓励难道不应该被提倡？

此处再度表明，如何鼓励孩子并不存在标准答案或明确规则。一切要看孩子的反应而定。乔治自视甚高，为自己设定了不切实际的目标。妈妈的赞美反倒激怒他，因为他不相信自己可以把事情做得足够好。妈妈的赞美在他看来反倒是嘲讽。乔治力求一切完美，但他的努力由于手艺不足，与其理想相去甚远，而手艺唯有不断实践方可习得。由于力求即刻完美，当然什么都不能让他满意。当实际与他的预期相距甚远的时候，妈妈的赞美反倒让他觉得："连她也不明白我。没有人明白我，我就是一个废物。"于是勃然大怒。

觉得自己一事无成的乔治当然亟须鼓励。他接二连三揽活儿，显得自己很忙碌很活跃。可是因为不想面对自己不完美的失败，这些活儿他没有一个坚持到底。弟弟吉姆的能干更让他自我贬低。最终，被弟弟胜过的这种挫败感，让他对自己要求过高。除非"超过"吉姆，否则一无是处，可是这一目标或信念堪称虚妄。当乔治日益体会到赶超的代价，此任务越发显得不可能，也让他越发觉得自己就是窝囊废。此时对乔治的任何赞美都不是鼓励。哪怕妈妈明确告诉他不必凡事力求完美也没用——这只会让他更觉得没有人理解他。他就是觉得自己必须完美，而他是否完美与他任何作为直接相关。哪怕偶有所成，在他看来纯属意外。而任何对他不切实际或自我贬损的支持只会让他更加沮丧。乔治的关注点必须从"成就的完美"转向"贡献的满足"。问题在于，乔治认定，除非贡献堪称完美，否则他还是窝囊废。

论及对自我价值以及家庭地位的评估，乔治需要更本质性的帮助。其父母可能难脱干系，因为乔治的完美主义并非空穴来风。要么母亲要么父亲——或父母双方——对成就的标准过高。他们尽可以叮嘱乔治不必力求完美，但他们树立的榜样可能让人觉得言行不一。在“足够好”之前必须好到什么地步，这个家庭需要召集所有孩子公开讨论。与其赞美乔治，不如来一句“很开心你这么爱做书立”，没准更有效。

五岁大的埃塞尔铺床铺得不亦乐乎。她把床罩拉来拉去，好不容易才让自己满意。此时妈妈进屋，看到不甚完美的铺盖，说：“还是我来吧，宝贝。这些床罩对你来说太重了。”

妈妈不仅暗示埃塞尔由于年幼而不足，而且通过行动——娴熟地抹平铺盖——验证了自己的优越感，埃塞尔则丢脸地站在一旁。铺床这件难事儿赋予她的成就感，由于妈妈力求完美，瞬间烟消云散。埃塞尔难免觉得：“何必呢？反正妈妈干得更好。”

如果妈妈以如下说法——“太好了，你可以自己铺床了”或“瞧瞧，我的大闺女在铺床呢”——对埃塞尔整理床铺的意愿表示欣喜，埃塞尔就会觉得自己有所成就，愿意持续。不管她铺的床罩最终有多少皱褶，妈妈应该遏制自己当面炫耀的诱惑，等女儿瞅不见的时候再来整理。千万别让埃塞尔的注意力转移到皱褶上。等她独自铺过几次之后，妈妈可以灵活提议以示鼓励，比如说：“如果你把床罩都摊开，一次只拉一个角，会不会好点儿？”“这边再拉一拉，会不会更好？”等到换床单的时候，妈妈可以建议她们一起干，然后有说有笑——切记别批评，而是提供支持性建议。“现在我们一起抬床垫，一人一头，然后把床单塞进去。现在我们一起拉，把床单拉到床头板那里。嗨，你好吗，床头板先生。”诸如此类，学习由此变成愉悦的游戏，任何建议对埃塞尔都明确可行，母女俩合作起来其乐融融。

四岁大的沃利跟妈妈去邻居家做客，邻居有一个十八个月大的小女儿帕蒂，在客厅地板上玩。“快去跟帕蒂玩，沃利，”妈妈提议，“做个好孩子，别欺负她。”沃利甩掉衣服冲过去，妈妈们坐下来喝咖啡。没过多久，帕蒂就尖叫起来。妈妈们赶紧跑过去看个究竟。只见沃利手里抱着帕蒂的公仔，一副得意扬扬的样子。帕蒂号啕大哭，额头上的小红斑越来越显眼。她妈妈赶紧跑过去，把帕蒂抱起来，抱她亲她。沃利的妈妈揪住儿子。“哦，你这个淘气鬼！你怎么着妹妹了？是不是抢了她的公仔，还动手打她？你怎么可以这么坏？我非打你一顿不可！”她重重打了两下，沃利也哭了起来。“说实话，我不知道拿他怎么办，”她跟朋友诉苦，后者好不容易让帕蒂安静下来，“就是喜欢欺负比他小的小朋友。”看着妈妈使出浑身解数，想把帕蒂逗笑，沃利显得很不开心。帕蒂扭过头去，小脑袋埋在妈妈的颈窝里。“我们继续喝咖啡，”帕蒂的妈妈说，“没事儿。我抱着她。”沃利的妈妈继续数落儿子。“淘气鬼！就会欺负年纪比你小的。给我乖乖坐在椅子上别动，不然我还打你屁股。”

这个小闹剧可谓一场动作大戏，此处我们只论及鼓励这个话题。首先，妈妈对沃利是个“坏小孩”的预期强化了沃利糟糕的自我认知。任何时候我们让孩子要“做个好孩子”的训斥，隐约表明我们不看好他们，对他们想变好的信心不足。其次，妈妈又让他“别欺负”小妹妹，也是对他预期不佳的表现。再次，妈妈没有把沃利的行为和沃利这个人区分开，认定沃利就是淘气鬼、坏小孩。于是，沃利的自我认知遭到三重否定——妈妈的坏预期、对他没有信心以及她的言辞。沃利的不友善行为恰是因为他对自己的能力——获得妈妈正向关注的能力——不够自信。除非调皮捣蛋，否则找不到存在感。霸凌者往往认定，唯有显露强力方可彰显存在，而这往往又是受到的鼓励不足导致的。他只是气馁沮丧，而非淘气恶毒。我们必须切记，对事不对人，行为不端只是气馁引起的副作用。最后，妈妈想把小宝宝逗笑的过度热情，伤害之外更是侮辱。

避免任何让孩子丧气的言辞或许有所助益。这些言辞毫无“教益”。让沃利重获信心，与帕蒂好好玩耍，与其恶语相向，不如转变态度。“我们去邻居家做客，如果你愿意，可以跟帕蒂一起玩。”这才是孩子需要的快乐预期。到了邻居家后，妈妈仍然可以让孩子自己做决定，要不要跟帕蒂一起玩，还是坐在妈妈身边。一旦发生争执，妈妈平静进屋后，可以抓住沃利的手，说：“很遗憾你今天玩得不开心，儿子。既然你不想好好玩，我们回家吧。”当然，妈妈们要为此付出串门泡汤的代价。可是这么一来，却可以让沃利学会如果他好好表现就可以再来的道理。或者，妈妈可以试着让他自己在亲戚或邻居家待着——没准也会促使他反省。

如果沃利的妈妈可以避免上述令人气馁的言行，与气馁的斗争就赢了大半截。如果她对沃利仍然珍视，哪怕他行为不友善，仍然可以做到不容忍和鼓励并行不悖。在允许他犯错误的同时，妈妈也让他明白凡事必须负责任、承担后果的道理。而当她建议如果沃利准备好了还可以再来的时候，就是在表达她对沃利可以自我反省的信心。

对此争执还有别的应对方法，我们将在“打架”章节继续讨论。

由于对帕蒂的小委屈过度关注，两个妈妈的做法也不是鼓励。额头小肿块对帕蒂的伤害不至于让妈妈那么激动，立刻把她抱起来，然后大惊小怪。帕蒂由此只会养成不能受一点儿小伤、立刻需要别人安慰的习惯。她对妈妈的依赖被强化，她的勇气和自立则被弱化，甚至有可能形成自己很容易受伤、必须依靠别人保护的自我认知。成人生活充满痛苦和不幸，本就是生活应有之义。除非孩子学会如何应对痛苦、冲撞、打击和不幸，否则其人生必定困难重重。我们不能以保护之名不让孩子生活。因而，必须让他们做好准备。为孩子委屈是我们最不可取的态度之一。明明白白向他们也向我们证明，我们对他们应对逆境的能力信心不足。

对帕蒂的妈妈来说，更可取的态度是帮助帕蒂学会承受痛苦。这并不是说我们对孩子受苦置之不理。那是没心没肺！关键在于安慰的方式。“好难过你撞了一个包。不过很快就消了，你痛不了多久。”所以帕蒂的妈妈不用立刻把她抱起来，而是观察一下伤势是否严重，让帕蒂放心：“没啥，亲爱的。只是肿了一点点儿。”然后就此打住。此时切莫过度讨好帕蒂，否则她将来受委屈只会索要更多，因为这会让妈妈围着她团团转。安慰完了，妈妈可以安安静静地陪帕蒂整理玩具，转移她的注意力，让她有空间自行解决问题。受到伤害的帕蒂需要克服的不仅是痛苦，还有友善氛围的消失，以及无力感。如果妈妈给她机会，并且相信她，她很快即可恢复，找到应对不幸的勇气和能力。

雷切尔在学刺绣，专心致志，不亦乐乎。她志得意满地拿着自己绣的小手帕欣赏半天。然后又拿给妈妈看，因为有一个针法她不确定要怎么绣。“那是雏菊绣针法，雷切尔。不过说真的，亲爱的，看看你的回针法。你完全可以绣得更好！现在的针脚太长了，看起来有点乱。你要不拆了再绣一次？一定会更好看。”雷切尔立刻脸色大变，叹口气撇撇嘴。“我今天绣够了，”她说，“现在就想出去玩。”

雷切尔对自己手艺的满足和骄傲，被妈妈当头泼了一盆冷水。“你可以做得更好”从来就不是鼓励，而是暗含当前所做不够好、不达标之意。雷切尔自己看起来很可爱的东西在妈妈眼里“有点乱”。难怪她很失望。拆了重绣对她来说难以接受，索性放弃干别的。如果仔细观察雷切尔的表情，妈妈就轻易可以发现她这番话的恶果。

如果妈妈再向她演示一遍雏菊绣针法，感受她对自己手艺的热情，这么做可能更有助益。“好看极了，宝贝。尤其是这里的针法”——强调雷切尔的优点所在。“等你绣完了，一定会在浴室派上用场。”如此妈妈不仅可以分享雷切尔的成就感，也承认她绣的小手帕可以派上用场。而她对雷切尔几个正确针法的强调，则可以鼓励她继续精进手艺。只有基于长处而非缺陷，我们才会有所成就。好针法就是长处，应该让雷切尔意识到这一点。

有时候对父母来说，放手让孩子勇于尝试，需要莫大的勇气。

七岁大的彼得刚拿到零用钱，想买一个他在购物中心的休闲品商店相中的飞机模型。“我这会儿不能带你去，彼得，”妈妈说，“明天可以不？”“我可以自己骑车去，妈妈。”彼得提议。“可是你从来没有自己骑车去过住宅区，彼得，你也知道那里车来车往的。”妈妈说。“我可以照顾好自己，妈妈。很多小朋友骑车去过。”妈妈犹豫不决。想到她在休闲品商店外头经常瞅见的那排自行车，想到行车的危险，又想到彼得每天骑自行车上学，从未出过意外："好吧，宝贝。去吧。去买吧。"彼得兴冲冲地出了门。妈妈也不怎么担心。他是年纪小，但少壮不努力的话……不到半小时，彼得就拿着包裹进来了。"瞧，妈妈。我买到了！""真开心，彼得，"妈妈眼里有光，"你可以自己买东西了。了不起。"

彼得的妈妈虽然有点不情愿，还是意识到彼得必须学会自立。她克服恐惧，对彼得的骑行能力有信心。孩子也没有辜负她的信心。从始至终，妈妈都认可他的成就感。最后，她还承诺彼得可以自个儿再去买东西。

六岁大的本尼总是系错毛线衣扣子。有一阵子妈妈装作没看见，有一天才说："本尼，我有个主意。如果你从最底下那个看得最清楚的扣子开始系，没准会有惊喜。"本尼很开心，采纳了妈妈的新方法，终于可以把扣子一个个对上了。妈妈由此受到启发，想用来解决另一个问题。本尼的睡裤挂在衣架上，可是因为他总是把睡裤挤成一团挂上去，通常很快就会掉下来。妈妈建议："挂上去之前，如果你抓住睡裤的松紧带甩一甩，没准会有惊喜。"本尼若有所思，捡起掉下来的睡裤，甩了甩，挂在衣架上。居然没掉下来！他开心得笑起来："果然管用！"

本尼的妈妈找到了鼓励本尼的方法，又不会让他觉得以前的做法都是错的。用不着直言不讳，她借助本尼的冒险和意愿让他勇于尝试，而且有所收获。妈妈的笑容和目光也告诉他，她很开心他习得的新能力。

上述案例表明鼓励很重要——以至于我们会在本书中一再提及这一点——并指出了我们无意间容易犯的一些错误。当然，我们不能对单一鼓励行为的效果预期太高。为了激发沮丧的孩子对错误的自我认知的持续修正，鼓励也必须持续不断。

赞美，作为鼓励的方式之一，必须慎用。如同乔治的案例可见，赞美可能适得其反。如果孩子视赞美为奖赏，则赞美的缺失便如同鄙视。如果他没有事事被表扬，就会觉得自己失败，由此养成为了获得赞美而做事的习惯，而不是为了付出、贡献的满足感。所以，赞美容易导致沮丧，因为它会强化孩子错误的自我认知，亦即不被表扬就没有价值。运用一些小评论可能更好，比如"很开心你做到了""真棒""你的努力让我感动""瞧，你可以的"。

经由不断鼓励而引导孩子独立，这是父母之爱的最佳体现。从孩子呱呱坠地开始，到整个童年期，都必须如此。在孩子的每个人生时刻，对他们表示信心和信任，就是最好的鼓励。鼓励也是态度，指引我们应对孩子的各种日常问题和状况。我们的孩子亟须鼓励，而我们作为家长义不容辞。

在本章收尾之际，我们也想鼓励家长一番。浏览本书至今，你们会发现对于不同话题，我们既提供合理的技巧，也指出父母容易犯的一些错误。因为除非明白错在何处，否则难以进步。指出时下流行的育儿实践的谬误，我们绝对不是为了批评或谴责如今的父母。他们也是不受自己控制的环境的受害者。我们只想冒昧伸出援手，指明一条有助于他们脱困的明路，进一步打击那些本就大惑不解、灰头土脸的父母当然不是我们的目的。

对父母来说，勇气之重要怎么强调也不为过。当你发现自己气馁或有如下想法——“糟糕，我错了”——的时候，务必马上认识到这是你气馁的症状；不妨将注意力转向理论或客观领域，摸索如何让事情有所好转。如果你试用的新方法有效，当然值得高兴。如果你又陷入旧习，也别责备自己。你必须不断强化自己的勇气，为此，你需要的是“不完美的勇气”。回想你过往成功的时刻，继续尝试。耽溺于错误只会消耗你的勇气。记住，我们只能基于长处而非缺陷，方可有所成就。谦卑地承认人人皆会犯错，但不要因此让个人价值受损。这将是你永葆勇气的秘诀。切记，我们不是为了完美而努力，而是为了进步而努力。不放过任何一个小进步，一旦发现自己有所成，不妨放宽心，相信自己还有继续进步的能力。本书所倡原则的应用需要时间，不可一蹴而就。每个小进步都是助你前行的台阶，而每次前行都是鼓舞的源泉。

第四章
孩子的不当目标
THE CHILD'S MISTAKEN GOALS

妈妈正在写信。三岁大的乔伊丝在旁边的地板上玩，突然跳起来，跑向妈妈，要妈妈抱。妈妈抱过之后说："为什么不把你的公仔放到小拖车上，带它兜一圈？""我想你跟我一起玩！""等一下好吗，乔伊丝，等我写完这封信。"小朋友缓缓回去自个儿玩。过了几分钟，乔伊丝又问："现在可以玩了吗，妈妈？""还不行，宝贝。"妈妈心不在焉地回答。又安静了几分钟。"妈妈，我要上厕所。""好的，乔伊丝，去吧。""可是我的背带裤脱不下来。""可以的，"妈妈抬头说，"你是个大姑娘了，你也知道。"乔伊丝勉强试了几次。"好吧，过来，宝贝，我帮你。"乔伊丝离开房间，妈妈继续写信。很快乔伊丝又回来，要妈妈帮忙把背带裤拉上来。帮她穿好衣服后，妈妈继续写信。没过几分钟，乔伊丝又问："现在可以玩了吗？""再过几分钟，宝贝。"没多久，乔伊丝又忍不住凑过来，抱住她的膝盖说："我爱你，妈妈。""我也爱你，宝贝。"妈妈又抱了抱女儿。乔伊丝又回去自己玩。终于，妈妈写好信，开始跟乔伊丝玩。

这个故事似乎描绘了一个耐心、有爱的妈妈，以及她和女儿的良好关系。为什么放在这里？让我们好好分析一下妈妈和孩子的互动。乔伊丝在做什么？她不断以甜蜜、愉悦的方式要妈妈关注她。她的行为好像在说："如果你不关注我，我就啥也不是。只有当你为我忙碌的时候，我才有自己的位置。”

孩子为了归属感可以不顾一切。如果一切顺遂，孩子的勇气未被挫伤，一般不会让我们太发愁。他只是随遇而安，通过参与让自己显得有用，从而找到归属感。可是如果他觉得气馁，归属感就会被抑制。此时他的心思就会从群体参与转至依靠他人实现自我的绝望尝试。他的所有注意力都将为这个目的服务，不论通过愉悦还是恼人的行为，总之他都要找到自己的位置。公认有四种类型的“不当目标”，都是这类孩子想追寻的。如果我们希望引导孩子积极融入社会，充分认识这些不当目标不可或缺。

第一类不当目标是过度关注，气馁的孩子往往以之找到归属感。由于受到如下不当认识——唯有成为焦点才有意义——的误导，孩子在注意力获取的机制上发展了很多高超技巧，想方设法让别人围着他团团转。其方式也可能是讨人喜欢、令人愉快、机智或腼腆的。不过，就算再不令人反感，他的目标还是为了赢得关注，而不是参与融合。

上述案例中，乔伊丝似乎想参与，想让妈妈跟她一起玩。如何判断乔伊丝是否行为不端？很简单。参与意味着顺应或配合现实的需要。自信勇敢的孩子意识到妈妈除了陪她玩，还有别的事情要做。乔伊丝并不这么想。她觉得如果妈妈忙别的事情，就会把她忘了，进而认定只有被妈妈关注，才有地位可言。

如果孩子用以获取关注的迷人手段失效，就会转而采取恼人的方式方法，比如哭叫、挑逗、磨蹭、用蜡笔在墙上乱涂乱画、洒牛奶或其他成百上千种小伎俩。哪怕为此被父母训斥、收拾也不在乎，至少他可以笃信父母知道他的存在！这样的孩子对自我的评估出了问题。任何时候，如果我们屈服于此类过度关注，就是在强化孩子错误的自我认知，让他们越发相信这个错误的方法有助于他们找到归属感。

孩子当然需要我们的关注，更需要我们的帮助、训练、同情和关爱。可是，仔细观察，如果我们发现自己经常被孩子对过度关注的要求驱使着干这干那，基本可以确信这就是孩子的用意，也是他们用以自我定位的错误方法。

适当关注和过度关注如何区别，乍看起来似乎很难。诀窍在于识别现实需求的能力。参与或协作要求家里每个人必须以现实而不是自我为本位。父母在观察孩子行为的时候，头脑里不妨后退一步。如果他们的行为和反应似乎不符合现实的需求——如同乔伊丝的案例可见——孩子可能就是在索要过度关注。一般而言，通过观察我们自己的反应，大致可以判断孩子的潜意识要什么。因为亲子互动经常发生于潜意识层面，我们“自然而然”会被孩子“设计”，有所回应。明白这一点，同时训练分析技巧，我们就可以在意识层面上应对，重新引导孩子。

五岁大的佩吉正在看电视。妈妈已经三次提醒她过了睡觉时间。每次提醒，她都哼哼唧唧，苦求再看一会儿，等看完“这个节目”。妈妈也答应了，因为确实是好节目。等到妈妈第三次提醒，佩吉干脆置之不理，换了个频道，继续看。妈妈无奈进屋。“佩吉，跟你说早该睡觉了。赶紧的，乖乖去睡觉。”“不睡！”佩吉回答。妈妈俯下身来，生气地说：“我说了去睡觉。马上！”“可是妈妈，我还想看——”“非让我动手吗？”妈妈打断她的话，还关了电视机。佩吉立刻大声哭闹。“坏女人！”她冲过去，想打开电视。妈妈揪住她，打了她一下，强行把她拖走。“我真是受够了，臭丫头。现在就上床睡觉。快点，把衣服脱了！”佩吉趴在床上，大声嚷嚷以示反抗。妈妈离开房间，气得浑身发抖。二十分钟后妈妈回来看看啥情况，发现佩吉没脱衣服，还在看书。妈妈怒不可遏，又动手打她，脱掉她的衣服，强迫她睡觉。

一开始，佩吉也知道自己该睡觉。可是她磨磨蹭蹭，要求再看一会儿，由此挑战妈妈的权威。所以，妈妈妥协，屈从于她的无理要求，恰好正中佩吉下怀。佩吉的行为似乎在说："我想干吗就干吗，你拿我没办法，所以我很重要。"之后又屡试不爽，让妈妈同意她熬夜，显露了自己可以让妈妈妥协屈从的能耐。

权力之争，就是我们说的第二类不当目标，通常发生在父母对孩子的关注需求有所抗拒之后。孩子于是认定可以用权力挫败父母。由于拒绝服从父母的要求，孩子由此获得巨大的满足，并觉得一旦他们顺从了，就是屈服于强权，从而失去自我价值。他们害怕被强权逼迫就范的可怕现实，于是竭力确证自己的权力。

当佩吉妈妈坚持让佩吉看完电视节目后就上床睡觉的时候，母女俩就卷入了权力之争。此后的故事说明她们互不退让，争相夺权。而妈妈一旦受挫就动手打佩吉的事实，说明她承认自己落了下风。而对佩吉来说，只要获胜——让妈妈受挫，让妈妈气急败坏——惩罚的屈辱和痛苦是她可以承受的代价。而身为父母的我们一旦完败或发脾气，也难免如此。我们的行为仿佛在说："除了个子和力气，我们没招了。"孩子察觉并且利用了这一点。你是不是还记得自己小时候让老爸老妈暴跳如雷濒临崩溃而暗自窃喜的情景（虽然表面上号啕大哭泪流满面）？

所以，与权迷心窍的孩子硬杠是一个大错，而且徒劳。在后续的漫长斗争中，孩子将练就一身滥用权力的本事，而且索性破罐子破摔，除非每次都能得逞。发展到一定程度，可能会导致孩子变成霸凌者或小霸王才心满意足。

随着平等观念的变迁，权力之争的现象在当今社会越发普遍。对此，我们将在第十六章深入讨论。目前我们只要认识到父母与孩子争当老大就会导致权力之争这一点即可。

孩子对关注的需求与他们对权力的确证，很重要的一个区别在于，他们会不会据此改正行为。如果他只想得到关注，一旦被斥责，至少会暂时停止恼人行为。如果他的意图是确证权力，你越阻止他越故意。这由上述乔伊丝和佩吉的案例清晰可见。

妈妈在厨房里忙活，爸爸在地下室。五岁的罗伊和三岁的艾伦在客厅玩。突然，艾伦痛得大声叫唤。闻声而至的爸爸妈妈发现艾伦缩在墙角叫个不停，罗伊手里拿着一个燃烧的打火机，放在弟弟的胳膊底下。虽然他们飞快赶过来，但弟弟已被哥哥严重烧伤。

第三类不当目标源自权力之争的剧烈恶化。当父母和孩子的权力之争越发剧烈、互相都想压制对方之际，恶劣的报复行为就有可能发生。内心气馁的孩子转而通过报复让自己觉得有意义有价值。因为他确信自己没人爱也没有权力，唯有通过伤害别人，就像他也被别人伤害一样，才有指望。报复于是成为他的不当目标。在家里不得其所的罗伊沮丧至极，认定自己是没人爱的坏小孩。而且因为他的行为极度恶劣，越发容易让别人认同他的自我认知。可是这些最需要鼓励的孩子受到的鼓励往往最少。只有对他们的真诚理解和接受才可以帮他们找回价值。如果爸爸妈妈惩罚罗伊，只会让他觉得自己确实很坏，并进一步刺激他挑衅和报复，一起互相伤害。

极度气馁的孩子容易利用的第四类不当目标，就是极力证明自己一无是处。

八岁大的杰伊在学校很不顺。老师在家长会上跟妈妈说，他的阅读能力很糟糕，所有科目都落后，而且看不出有什么出息，不论他如何努力或老师如何额外帮他。“杰伊在家里表现如何？”老师问。“我早就不要求他做任何事情了，”妈妈回答，“他啥也不想干。哪怕勉强愿意，也是笨手笨脚，成事不足败事有余，我早就放弃了。”

极度气馁的孩子容易自暴自弃：凡事都没有成功的机会，一切皆是徒劳。他觉得自己一无是处，并利用这种一无是处，放大自己任何真实或虚构的缺陷和不足，以之为借口啥事不干，否则，到时反倒更尴尬。貌似愚笨的孩子往往也是气馁的孩子，以愚笨为由避免任何努力。这些孩子似乎在说："我越做事，越让你们看出我一无是处。所以别管我。"他们压根没有为别人服务的想法，就是放弃。可是当妈妈也说"我早就放弃了！让他干啥都没有意义"的时候，她必须明白这正是孩子想让她抱持的想法。孩子仿佛也在说："算了吧，妈妈。没有用。我一无是处，毫无指望。让我自生自灭吧。"孩子对自己的错误评估应该是一系列受挫体验造成的，而这些体验在他看来构成无法克服的障碍。可是，哪有孩子一无是处！

获悉孩子行为不端背后可能存在的四种不当目标，我们就可据以行动。可是切记，不论什么情况，告诉孩子他的目标不正确，对我们没有任何好处，反而可能让伤害最大化。心理学知识只是我们据以行动的基础，而不是口若悬河，把它用作对付孩子的武器。孩子对自己的目的哪有明确意识？我们可以让孩子知晓他的潜在目的，但如此披露必须由受过训练的专业人士进行。我们一再强调的是，一旦我们觉察孩子的不当目标，就可以对他的行为动机有所了解。以前无目的的行为开始说得通。我们就有了行动的基础。如果我们不投其所好，他的行为不端就会失去意义。如果他不能达成目标，就有可能调整方向，选择其他路径。

当意识到孩子在要求过度关注的时候，我们可以避免满足他的需求。要求一个不在场的妈妈的关注对他来说有什么意义呢？当发现自己卷入与孩子的权力之争的时候，我们可以退出战场，不跟孩子短兵相接。战场不存在了，获胜自然毫无意义。如果孩子企图伤害我们，我们知道这是因为他极度气馁，从而避免让我们自己有受伤的感觉，更不要通过惩罚对孩子进行报复。对那些觉得自己“一无是处”的孩子，我们也不要气馁，而是要精心安排一些体验，让他们重新找回信心和能力。如果妈妈不觉得孩子一无是处，对他来说放弃有什么好处呢？

后续章节我们将详述这四大不当目标的运行机制以及破解方法。重点在于，我们必须认识到这四大不当目标在幼儿身上最明显。童年时期，孩子的焦点在于跟父母和其他大人发展关系。他把自己看作成人世界的小孩。在此期间，会意的观察者很容易察觉他们的不当目标。可是等他到了十一岁左右，他与同龄人的关系变得越发重要，而他为了在同辈群体中找到位置，所寻求的行为模式也将更加多样化。为此，对其行为不端的解释就不是这四大不当目标可以涵盖的。青少年或成年人的挑衅行为有时候固然可以如此解释，但显然也存在其他错误方式，比如追求刺激、过度关注男性气概、物质成功，等等。

另外一个必须牢记在心的要点是，作为父母，我们只能尽量鼓励孩子转变行为。哪怕事事做对，也不能百分百成功。(毕竟，事事成功对于我们自己也是不切实际的要求！)孩子要怎么做，只能由他自己决定。家庭之外尤其是同龄人的影响也很深刻。如果我们的努力未能引导他转变行为，切记，作为个人，他有自己的选择和决定。我们不能为此负责任，必须由他自己承受。这也是平等的含义之一。

生活就是当下，如果我们此时此刻做对了，就前进了一步。反之，如果我们不能满足现实的要求或不知道如何应对，改进的机会确实渺茫。

当然，任何问题的解决都不能一蹴而就。此时此刻只是一连串事件的片段之一，解决、延宕甚至阻碍皆有可能。跟孩子一起，此时此刻可能对他的培养、对亲子关系的提升有所助益，也可能相反——助长有害的态度和糟糕的社会融合。

很多育儿问题只能循序渐进解决。我们尝试通过本书揭示，在某个既定的冲突情境里，什么步骤有益，什么步骤有害。对大多数父母和大多数情境，知道在某个给定的实例里该做什么不该做什么似乎就够了。过去，所有妈妈司空见惯的这些知识，构成了我们称为育儿传统的东西，代代相传。作为育儿新实践的指引，我们如今的任务是阐明在民主社会里有效的方式方法。

很多时候，导致孩子行为不端的错误想法和不当目标根深蒂固，以至于对各种挑衅行为的应对不是只有一个标准答案。有时候需要深度重构孩子的基本假定和人格模式，有时候需要全面洞悉孩子的行为动力。一旦有此需要，参与我们的父母研究小组、咨询中心或个人咨询可能对你们有助益。有时候可能需要你们阅读更多儿童心理学方面的专业书籍[1]。我们试图为你们的日常步骤提供某些说明或帮助，那

---

① 为了抵消如今父母“育儿书读得越多越混乱”的趋势，推荐如下跟我们的专业方向大致吻合的参考书，比如：

Adler, Alfred. *The Problem Child*. New York: Capricorn Books, 1963.

Adler, Alfred. *Understanding Human Nature*. New York: Premier Books, 1957.

些不胜其扰的父母如果由此有所收获，就会发现他们影响孩子的潜能巨大。论及真正理解孩子，父母学到的东西越多，就越能帮助孩子再定位、对人生有更精准的规划、认同社会价值，而这些对和谐互助以及人生圆满都不可或缺。

Beecher, Marguerite and Willard. *Parents on the Run*. New York: Julian Press, 1955.

Dinkmeyer, Don, and Dreikurs, Rudolf. *Encouraging Children to Learn: the Encouragement Process*. Englewood Cliffs, N.J.: Prentice-Hall, 1963.

Dreikurs, Rudolf. *The Challenge of Marriage*. New York: Duell, Sloan and Pearce, 1946.

Dreikurs, Rudolf. *The Challenge of Parenthood*. New York: Duell, Sloan and Pearce, 1948, revised edition, 1958.

Dreikurs, Corsini, Lowe, and Sonstegard. *Adlerian Family Counseling: A Manual for Counseling Centers*. Eugene: University of Oregon Press, 1959.

Rasey, Marie. *Toward Maturity: The Psychology of Child Development*. New York: Hinds, Hayden & Eldrige, 1947.

Rasey, Marie, and Menge, J. W. *What We Learn from Children*. New York: Harper & Brothers, 1956.

Wexberg, Erwin. *Our Children in a Changing World*. New York: Macmillan Company, 1938.

THE FALLACY OF PUNISHMENT AND REWARD

第五章 惩罚和奖赏的谬误

妈妈很奇怪为什么那么安静，一看，发现两岁半的亚历克斯忙着往马桶里塞卫生纸。此前，亚历克斯因为堵住马桶被打了好几次屁股。妈妈这回又大发雷霆："你到底要让我打你多少次？"她揪住亚历克斯，脱下他的裤子，啪啪啪！当天晚上，爸爸发现马桶又堵了。

亚历克斯因为同一件事挨了好几回揍，为什么还乐此不疲？太小不懂事？不是。亚历克斯很清楚自己在干什么——故意反复捣蛋。当然，他自己不明白为何如此！可是他的行为告诉我们为什么。他的父母说："不要这样。"他的行为却说："偏要这样——怎么着吧！"

如果惩罚足以让亚历克斯收手，打他一次屁股就会奏效。但多次挨揍都不能让他收敛，问题出在哪里？

我们曾在第一章论及，由于社会风气的变迁，民主日益成为我们的生活方式。既然民主意味着平等，父母就不能再像过去那样行使"威权"。而威权意味着管治：一个人有权凌驾于他人之上。所以在人人平等的社会里，此类现象不复存在。管治——亦即强力、强权——被平等主义取代。

在专制的社会体系里，惩罚和奖励被视作理所当然。居于统治地位的威权者有权按照功过分发奖励或惩罚。这是他可以自行决定的特权。因为专制的社会建制依靠强权，此类赏罚行为最终成为生活规范。孩子从小耳濡目染，都在等着盼着有朝一日自己也变成手握特权的大人。但是如今的社会结构可谓天翻地覆。孩子与大人的社会地位既已平等[①]，我们不再高高在上。我们对孩子的强权也不复存在，孩子明白这个道理，不论我们承认与否。

必须认识到把我们的意志强加给孩子徒劳无功。不论什么样的惩罚都不能确保持久的屈服。为了伸张自己的“权利”，如今的孩子愿意承受任何惩罚。而困惑不解的父母仍然抱持错误的指望，以为惩罚必有效果，不知道他们实际上一无所获。充其量，惩罚只是暂时有效。当同样的惩罚一再发生的时候，其无效显而易见。

反之，惩罚只会助长孩子的抵抗和藐视。如上所述，那么小的亚历克斯，早就踏上了这条可怕的人生路。

六岁大的丽塔一早上都在发脾气。不吃早饭。被妈妈训斥。跟四岁的妹妹打架。妈妈让她回房间冷静半个小时。把家

---

① 此处的平等有点难以理解。因为尽管平等事实上已经实现，却缺少对平等意蕴的传统认知。我们往往想找到某个品质，以让某个人比另一个人更低级或高级，虽然此类评价方式早已过时。

里的花连根拔起。又被妈妈骂，还说要打她屁股。把邻居家的猫绑在晾衣绳上，差点没把它勒死。妈妈让她乖乖坐在厨房的椅子上。后来，丽塔还把中午的牛奶洒在地上。妈妈实在受不了，就把丽塔拖到房间，用力打屁股，让她一下午不能出房间。过了一小时，似乎风平浪静，妈妈以为丽塔可能睡着了，偷偷看了一眼。让她极度沮丧的是，房间窗帘只要够得着的，都被丽塔剪成了碎布条。惊慌失措的妈妈说："哦，丽塔！我还能拿你怎么办？"

丽塔以一系列胆大妄为之举掩饰她的气馁。她的行为仿佛在说："我是坏，但至少让你知道我还存在。"后来，妈妈被迫一次次惩罚她，丽塔又用她的行为告诉妈妈："你有权利伤害我，我也有！"于是可怕的报复和反报复接踵而至。妈妈惩罚得越狠，丽塔报复得越凶。这就是惩罚的效用。不幸的是，孩子往往比大人更顽强更能适应。论及设计、算计、忍耐，更是胜过大人一筹。最后往往是父母无计可施，摇头长叹："我还能拿你怎么办？"

惩罚，抑或"听我的，否则如何"的威权观念，必须被相互尊重和互助合作取代。孩子虽然与我们平等，但毕竟未经训练、缺乏经验，需要引领。一个好的领导者会鼓舞和激励他的属下适时而动。所以孩子必定需要父母的指引。只要我们赋予他们平等权利，尊重他们的决定，他们就会欣然接受。把孩子痛打一顿，对他们的自尊是极大的侮辱，对动手的妈妈来说也是如此，特别是她事后愧疚的时候。

父母必须学会另辟蹊径激励孩子，让他们愿意遵从秩序。我们可以通过创造互相尊重和互相为对方着想的氛围，让孩子有机会学习如何跟别人舒舒服服地相处。我们需要安排学习情境，但不能对孩子或我们自己表示不敬，而且不能为此炫耀权力，因为任何权力都会招致反叛，进而挫败我们的育儿企图。

不过，在我们重新学习育儿新方法的过程中，一旦发生我们因为被激怒而惩罚或打骂孩子的情况，必须坦然面对，尽量消解挫败感，而不能试图以“打是疼骂是爱”的方式糊弄自己。此外，我们必须认识到孩子确实是想找打。挑衅就是他的目标之一，希望以此证明他是“坏小孩”，或者把我们卷入权力之争，或者报复以前的“不公正”。而我们对他的惩罚，恰恰投其所好或落入圈套。关键在于如下事实：作为人类，我们并非完美。最佳方式莫过于笑对我们的缺陷，继续前行，让我们的努力更有成效。不要因为我们的不完美而气馁。如果孩子一再挫败我们，没准我们偶尔也有权利收拾一下他们，享受一番胜利的快意，而无须在事后愧疚——这不是我们承受得起的奢侈。我们的愧疚好像在为我们辩解：“是的，我打他了。我知道这不对。但只要心里有愧，我就不是一个坏父母。”可是，如果我们坦承——“没错，我打他了。他自找的。我知道打人对育儿完全无济于事，但至少可以让我舒服点。现在我可以收拾残局，轻装上阵”——反倒可以鼓舞我们跟孩子好好相处。

妈妈给了八岁大的比尔一美元，让他在她逛超市的时候自个儿在面包房待着。出来后，妈妈跟他要找零。“你怎么可以跟我要找零？”比尔大吼。“为什么不可以，比尔！我用得着。”小男孩很生气，把找零扔到妈妈手里。“我没得到任何好处，”他厉声说，“难道我没有帮你吗？”妈妈诧异地看着他：“没错，儿子，如果那算帮忙的话。”走向车子的时候，从比尔的动作看得出来，他心里愤愤不平。

因为好行为而奖励孩子的机制，与惩罚机制一样，不利于孩子的人生观。道理很简单，同样不尊重孩子。

我们因为好事“奖励”不如我们的人。但是在互相尊敬和平等的体系里，完成某项工作只是因为现实需要，满足感源于两个人通力合作，就像上述比尔和妈妈的例子，但是以自我为中心的比尔没有意识到，他只是在为家庭的利益尽自己的心力。于是，付出没有得到回报的想法让他心里不平。真令人震惊！也可见比尔想法的局限。由于“付出必须得到回报，如此才有地位、才有归属感”的错误观念，比尔天然的社会兴趣（social interest）被抑制。

两个初三学生在音乐会休息时间聊天。“梅维丝的德彪西弹得真是好。”一个说。“哈，其实没啥，”另一个回答，“你不知道吗？”他接着说：“每练习一小时，她妈妈就给她一块钱。”“你在开玩笑吧！”“真没有。为了赚钱，梅维丝说她暑假每天弹八个小时。”“难怪她练得那么起劲！哪儿也不去。可是这么练琴有劲吗？我弹琴是真喜欢，而且忘我，每次都要老爸老妈喊停。”“耶！我明白你的意思。我则是纯属鬼混。”

青少年的洞察力真是令人汗颜！

一场大雪后，爸爸要求十岁的迈克和八岁的斯坦到马路上铲雪。“给我们多少钱？”迈克问。“哦，”爸爸愣了一下，“你觉得多少合适？”“每个人一块两毛五怎么样？”迈克开价。“包括车道吗?”爸爸讨价还价。迈克觉得差不多得了，就说:“可以。”“成交。”爸爸同意。“喔!”两个小男孩欢呼雀跃。

为什么要付费让孩子干家务活？他们吃穿住用都在家里，享尽好处。如果真像他们说的必须人人平等，他们就有义务分担家务活。

由于奖赏机制，迈克和斯坦觉得如果没有回报，就啥事儿也不用干。如此成长环境，难以想象他们会有什么责任感。过度强调“我有什么好处”，必将使得任何奖励都不能让他们完全满足。

孩子应该参与全部家庭生活。花钱他们也有份儿，通常是以零花钱的形式。这是他们应得的，自己爱怎么花就怎么花。家务活与零花钱没有任何关系。孩子干家务活，因为他们也要为家庭福利尽力，零花钱则是他们分享福利的方式。

妈妈为了自在地采购，让两个小女孩留在车上。她一下车，姐妹俩就开始哭闹。“乖乖的，一会儿每人一个玩具。”“什么玩具?”三岁的那个问。“哦，现在不知道——反正有。”妈妈一边回答一边匆匆离开。

妈妈试图通过物质好处收买孩子合作，可是孩子无须贿赂也会、也想成为好孩子。孩子的好行为源自他想找到归属感、为家庭尽一份心力以及合作的愿望。而我们贿赂孩子，让他们好好表现，反倒显得我们不信任他们，这不是鼓励。

奖励不会让孩子找到归属感。毋宁说是父母对他此时此刻的赞同，可是彼时彼刻呢？父母还会满意吗？或者说需要另外一个奖励？考虑到此时彼刻的无穷尽，很快你的奖励就会不够用！如果我们拒付某个奖励，就会被孩子误以为他的努力不值得。如果孩子因为不知道“对我有什么好处”而拒不合作，父母就有大麻烦了。除非奖励足够丰厚，否则合作有何意义？如果得不到任何回报，为何麻烦自己？实利主义的态度滋长到让人难以容忍的地步，逐利的欲望无法餍足。孩子由此形成完全错误的价值观，觉得全世界都欠他。如果没有人自动奉上好处，他就要“发泄不满”。不遵守高速公路交通规则，哪怕这样做可以救他一命的十六岁青少年，其价值观就缺乏这样的常识。汽车成为他莽撞违抗的工具。为什么遵守？有什么好处？我有车。怎么刺激怎么开不是更好玩，恣意妄为又不会被抓到，岂不是显得我更聪明？再说了，就算被逮到，那点小惩罚算得了什么？违抗的快感值得一切。何况还有我老爸善后。

奖励和惩罚的终局大致如此。“他们没有奖励我，我就要惩罚他们。如果他们惩罚我，我就惩罚回去。等着瞧！”

满足感源于奉献和参与——而在我们现有的以物质奖励的体系里，我们的孩子体会不到。通过奖励让孩子合作可谓大错特错，因为这剥夺了生活给予他们的基本满足感。

第六章

自然后果和逻辑后果的应用

THE USE OF NATURAL AND LOGICAL CONSEQUENCES

既然奖励和惩罚收效甚微，孩子如果行为不端怎么办？不妨假设妈妈忘记烤箱里有蛋糕，结果会如何？从逻辑推断可知，蛋糕会烤焦，这是她疏忽忘事的自然后果。让孩子体验他的行为产生的后果，我们就给他提供了真实的学习情境。

十岁大的阿尔弗雷德经常忘记带午饭去学校。妈妈一发现他忘带了，就会拿到学校给他，但每次都会训斥他疏忽大意，给妈妈添了很多麻烦。阿尔弗雷德挨训也会发脾气，但还是继续忘记带午饭。

忘记带午饭的自然后果是什么？挨饿。妈妈可以跟阿尔弗雷德直言，不再负责给他送饭。再忘记，也不要跟妈妈抱怨。毕竟，这不是妈妈的问题。阿尔弗雷德准会生气，因为他觉得让他吃上午饭是妈妈的责任。

妈妈可以平静地说："很遗憾你又忘带了，阿尔弗雷德。"（为此可能需要学校配合，以免有人给他午饭钱。）可是，如果妈妈多说一句："或许这对你是一个教训。"原本的"后果"就被她变成了惩罚。切记，我们的言语应该让孩子觉得他必须尽力自己解决问题，而不是听从我们的决定，这一点很重要。

对很多父母而言，让孩子挨饿的想法骇人听闻。自然，挨饿令人不快。可是，偶尔没饭吃不会伤及身体，随之而来的不适却可能刺激阿尔弗雷德记得下回带饭，有助于消弭母子间的摩擦和不和，相比饥饿，后者伤害更大。我们没有权利为孩子承担一切责任，更没有权利承担孩子一切行为的后果，这是他们分内之事。

四岁大的爱丽丝偏瘦，容易感冒。父母都相信，如果营养够，她会更健康。

爱丽丝坐在餐盘前，津津有味吃了几口，又喝了点牛奶。可是父母一开始说话，她就逐渐对食物失去兴趣，小脑袋拄着胳膊肘，百无聊赖，把盘子里的食物弄来弄去。“快吃吧，宝贝，”爸爸催她，“好好吃饭。”他的话温柔慈爱。爱丽丝惹人怜爱地笑笑，吃了一口又停住。爸爸又和妈妈说话。爱丽丝偶尔动一动下巴。“快吃饭，亲爱的，动起来。”妈妈停下她和爸爸的对话。“你也想长大，身体棒棒哒，对不对？”爱丽丝突然使劲嚼起来。“这才是我的好女儿。”爸爸夸了一句。可是他俩一说话，爱丽丝又不吃了。从头到尾他们都要哄个不停。

爱丽丝食欲不振的目的是让父母为她忙活。观察双方的言行，我们很容易发现这一点。人活着当然要吃饭。这是最正常不过的生理需求。可是但凡孩子吃饭出问题，总有父母的应对也跟着出问题。吃不吃那是孩子的事儿，父母不要过度干涉。

让爱丽丝好好吃饭的最简单办法就是“爱吃不吃”。如果她不吃，父母不应该发火，也不要总是口头上提醒她。等所有人用过饭了，把没吃完的食物撤掉，让爱丽丝看看怎么回事。不吃饭就挨饿。下一顿饭，继续为她准备食物。如果爱丽丝继续拖延，啥也别说，餐桌上以和为贵。言外之意就是，“想吃，有的是食物；不想吃，我只能觉得你不饿”。如果孩子玩弄食物，就若无其事地撤掉。不要威胁惩罚，也不要贿赂奖励（比如点心）。一小时后爱丽丝可能抱怨肚子饿，想要牛奶和曲奇。妈妈回答：“饿了吧？可是我们六点才开饭，没办法，忍着吧。”不论爱丽丝饿起来多么可怜，妈妈都要让她挨饿，因为这是她不吃饭的自然后果。反之，屁股挨揍的痛苦属于惩罚，因为那是父母给的。而挨饿不舒服不是因为父母不让吃饭，而是你自己不吃。

为什么父母打起孩子屁股毫不愧疚，却对孩子不吃饭挨饿的想法惊慌失措？似乎是因为父母认为，有责任为孩子提供食物，不能眼睁睁看着他们挨饿，否则不是好父母。但是，我们对吃饭的过度关注，对孩子瘦弱和健康的深度焦虑，经常是伪装。父母对责任感的完全认同，其实掩盖了他们旨在支配的真实意图："我想让孩子照我说的那样好好吃饭。"但父母这么干往往出于控制的欲望，而这恰是爱丽丝反抗的。一旦"威权"消失，爱丽丝无所抗争，不吃饭毫无好处，她就会吃饭。当然，这需要时间和耐心。

如果逻辑后果被用作威胁或因为愤怒"强加于人"，就不是后果而是惩罚。此区别孩子一眼即可看穿。对逻辑后果，他们积极响应；对惩罚，他们一定以牙还牙。

爱丽丝的父母决定祭出逻辑后果的武器。她磨磨蹭蹭不吃饭，妈妈虽然恼火，但不作声。爸爸和妈妈有一搭没一搭地聊天。问题就在他们眼皮底下，爱丽丝还在拖延、玩弄食物。眼看他们就要吃完了。爸爸以爱之耐心对爱丽丝说："吃吧，爱丽丝。不然你晚饭前肯定挨饿，而中间没有东西给你吃。你肯定不想挨饿，对不对？""可是我吃不动了。"爱丽丝回答。"好吧，那你肯定挨饿。记得，晚饭前没东西给你吃。"

可是这不是逻辑后果，还是惩罚。爱丽丝受到了饥饿的"威胁"。妈妈和爸爸还是很担心她不吃饭，并且隐晦地表达了出来。他们还在努力“让”爱丽丝吃饭。聪明的爱丽丝，肯定可以觉察到他们对她挨饿的痛苦。于是她还是决定不吃午饭，忍饥挨饿也要惩罚父母。

唯一脱困之路就是，父母对爱丽丝吃不吃饭毫不在乎。这是她的问题。她必须自己解决。吃不吃、饿不饿都是她的选择。咎由自取。

“逻辑后果”这个术语的使用，经常让父母误以为这是把他们的意志和需求强加给孩子的新伎俩。孩子却可一眼看穿——带了伪装的惩罚。关键在于如何应用。对父母而言，有点类似“司法回避”，必须给出空间，让事情的逻辑顺序自然发生。正反皆有效。不吃饭的自然后果就是饥饿的不适。吃饭的自然后果就是满足的舒适。

妈妈每天都要为午饭烦心：如何让六岁的卡罗尔及时用饭，下午来得及上幼儿园。然后她听说了逻辑后果的应用体系。妈妈觉得卡罗尔及时上学事关她的面子问题。卡罗尔迟到就是给她丢脸，绝不容许。可是有一天，妈妈告诉卡罗尔什么样的指针形状就是她应该离家上学的时间之后，母女俩坐下来吃午饭。卡罗尔依旧拖延。妈妈自个儿用过饭，离开餐桌，带着一本书去了别的房间。（虽然母女俩不时眼神交流，妈妈假装专心看书！）结果卡罗尔上学晚了半小时。放学后，妈妈假装啥事儿没有。第二天，妈妈依然如此行事。第三天，她给老师写了一个纸条，请她配合。那天，卡罗尔晚了四十五分钟。回家后卡罗尔因为迟到放声大哭。“很遗憾你迟到了，宝贝。没准你明天可以做得更好。”那天之后，卡罗尔像鹰隼一样盯着钟表，妈妈也不用担心她上学迟到的问题了。

该技巧也适用于早上上学迟到的孩子。给他们一个闹钟。妈妈可以告诉他，不再负责叫他起床上学的事儿。（上学的又不是妈妈！）也不追着孩子，而是任由他们拖延，忘记功课或作业。如果没赶上校车，孩子只能走路上学——哪怕路途遥远。他们有的是体力。

很多时候，我们需要略加思索，方可想到适合我们应对方案的逻辑后果。只要问自己一个问题：“如果我不干涉，事情会如何？”不做家庭作业会让老师发火。玩具坏了没得玩——没有新的。衣服不放洗衣篮没得洗。诸如此类。有时候，需要我们巧妙安排，制造后果。

三岁大的凯西在院子里玩的时候，总是忍不住跑到马路上去。妈妈不得不时时盯着她，把她抱回来。责骂甚至打屁股都没用。

上述案例的逻辑后果是什么？自然，我们不会任由孩子在马路上信马由缰，直到他们被车撞了——在马路上玩耍的自然后果。所以，我们必须安排一个调皮捣蛋的后果。凯西头一次跑到街上之后，妈妈可以问她能不能保证以后不跑。如果她又跑了，妈妈可以轻轻把她抱起来，但坚定地抱她回屋。“既然你不想在院子里玩，就待在家里。等你准备好了，才可以出门。”如果家里有专门区域让凯西玩耍，效果最好。不让凯西到户外玩，想必不会招致怨恨。因为妈妈说的“既然你不想在院子里玩……”恰是凯西自己的感受。妈妈不能强行让凯西待在院子里玩，但她可以设定限制和安排后果。一旦凯西愿意再试一次，她就可以出门。如果她又跑到马路上，就会被抱回来，一整天不能出去。为了不让事态演变成权力之争，连续三次后，妈妈可以把凯西关在家里几天。但是记住，时不时让孩子有机会尝试很重要。这让他们觉得还有希望，也表明妈妈对孩子及其学习能力的信心。凯西可能也会抗议被关在家里，并反对事情不能遂其所愿。此时，妈妈可以保持镇定，不理睬凯西的造反，因为我们一次只能处理一个难题。

三岁大的贝蒂老是不刷牙，妈妈每次都要出手强迫她。吵架吵得母女俩都心烦意乱。这时妈妈想到一个后果。她告诉贝蒂实在不愿意可以不刷牙，但不能吃糖果甜食，因为对牙齿不好。由此，妈妈避免提及刷牙的事儿。此后一周，贝蒂不吃甜食也不刷牙。其他孩子都有糖果和冰激凌吃。一天下午，贝蒂表示为了糖果愿意刷牙。“不是现在，贝蒂。早晚才适合刷牙。”贝蒂表示接受，也不抱怨。第二天一早，她果然刷牙了。

孩子让我们心烦，很多时候是为了让我们围着他们团团转。逻辑后果此时就可以派上用场。

四岁大的盖伊穿鞋子老是穿反。妈妈对此甚是恼火。“我的天，盖伊。你啥时候才会穿鞋啊！过来。”妈妈让他坐下来，帮他换穿。

盖伊知道鞋子穿反了。考虑到儿子的反应，妈妈应该可以识破其意图——以穿鞋为由让妈妈为他忙碌。当妈妈说“你啥时候才会……”的时候，显得盖伊很不灵光。事实绝非如此，孩子绝对不蠢不笨。妈妈可以通过不在乎盖伊如何穿鞋的方式，让母子免于冲突。那是他的脚，又不是她的。

如果她不再干涉，反穿鞋子的盖伊势必会觉得很不舒服。一旦妈妈发现盖伊穿对了，不妨平静表达对他学会穿鞋的喜悦，但也不必大惊小怪。这就够了，足以让盖伊认同他的成就，鼓励他继续努力。

十岁大的艾伦把棒球手套忘在操场，回去拿的时候，不见了。他难过得大哭。爸爸责怪他："这个暑假你丢了三个手套。你以为钱是天上掉下来的吗？"滔滔不绝说了一大堆小心财物的道理后，爸爸让艾伦保证不会再丢手套。"好，明天我再给你买一个。记住，这个暑假最后一个手套！"（从艾伦丢第二个手套开始，爸爸一直这么威胁他。可是看到艾伦伤心难过，他又心软！）

本来，父母有很多绝佳机会让表现不好的孩子自行承担后果，可是由于可怜或"保护"孩子的冲动，他们剥夺了孩子的机会，而以责骂或说教惩罚孩子。

爸爸完全可以说："很难过你的手套又丢了，艾伦。""可是我还想再要一个！"艾伦大哭。"你有钱买新的吗？""没有——可是你可以给我。""你可以按时拿到零花钱。""零花钱不够！""对不起，那我也没办法。"爸爸必须保持坚定但友好。

逻辑后果的应用意味着我们必须改变思维方式。承认如今已不是专制社会而是民主社会，不能“控制”只可“引导”孩子，也不能把我们的意志强加于孩子。良好行为只可“激励”不可强制。但是除非我们长期运用并熟悉这些新技巧，以至于它们几乎成为我们的第二天性，否则转变思维方式并不容易。它需要我们大量思考，反复操练。有时候，让事情顺其自然，大人不要干涉，也不是不可以。这就是所谓“自然后果”。比如，孩子睡过头，自然就会上学迟到，惹老师生气。有时候，可能需要我们从逻辑上建构行为不端之后的可能后果，亦即所谓“逻辑后果”。自然后果代表现实压力，无须父母干涉，总是有效。逻辑后果则必须慎用，尤其是陷入权力之争的时候，因为经常沦为报复性的惩罚行为。所以，自然后果往往有益，逻辑后果易于走火。

但是，打个比方，妈妈因为博比不扔垃圾而不让他看电视，二者并无逻辑关系。不论妈妈如何有理有据，博比都会觉得：“你没扔垃圾，所以我惩罚你，不让你看电视。”但如果妈妈不愿在臭气熏天的厨房里做饭，因为博比没扔垃圾，那就有逻辑关系了。再比如，博比没有在球队集合之前干完周六的家务活，所以周日不能跟球队一起玩，也合乎逻辑。

准确、持续运用逻辑后果，往往很有效果，可以大量减少摩擦、促进和谐。孩子很快即可领会逻辑后果的正当，乐于接受，不带怨恨。父母越少提及“后果”，惩罚的味道越淡。当然，有时候可能没啥后果，我们唯有等待时机。有时候不妨跟孩子一起讨论，看看需要他们做什么，以解决这个问题。

不过，如果父母与孩子卷入权力之争，就容易滥用逻辑后果惩罚孩子，从而使它的效用大打折扣。所以，时刻切记不要落入这个陷阱，反复提醒自己：“我没有权利惩罚与我地位平等的孩子，但我有义务引导他们。我也没有权利把我的意志强加于人，但对他们的过分要求，我有义务绝不屈服。”

BE FIRM WITHOUT DOMINATING

第七章
坚定但不支配

坚定跟支配的区别有时候不好理解。对孩子必须坚定，让他们知道界限，他们才会觉得舒服。如果没有规矩，孩子会不断试探底线。一般而言，最终结果是激怒父母，痛下狠手，家庭不睦。

妈妈开车，五岁大的双胞胎朱迪和杰瑞在旅行车后座开心地闹来闹去，动静越来越大。不能专心开车的妈妈好几次让他们安静下来。但每次他们消停一分钟左右，又会开始打闹，而且越来越闹腾。突然，杰瑞狠狠推了朱迪一下，让她撞到了妈妈的脑袋和肩膀。“够了！”她把车停在路边。两个娃娃似乎有点儿害怕。每个都被妈妈狠狠打了屁股。他们完全愣住了，因为妈妈很少打人。

双胞胎兴致刚起来的时候，妈妈对他们太宽松，让他们觉得“怎么都行”。如果我们这次容忍孩子违规，下次却对他们大发脾气，只会让孩子养成不挨打不要紧的习惯。

任何时候，车里都不是胡闹嬉戏的空间。妈妈不用依靠强力——坚定但不支配——即可在车上确立秩序。如何做到？关键在于何为坚定。支配意味着我们把自己的意志强加于孩子身上，告诉他们应该干吗不应该干吗。如果妈妈试图如此，只会激起孩子的反抗。坚定则是表达我们的行动。妈妈可以决定如何行事，然后坚决执行。每回孩子闹腾，她就停车。她可以这么说："只要你们闹腾，我就不开车。"然后静静坐着，等他们老实下来。无须过多解释。妈妈立场坚定，有了决定就执行[①]。

坚定但不支配的做法，离不开双方互相尊重。我们尊重孩子想干吗的权利，但也尊重我们不被不守规矩的孩子任意摆布的权利。

七岁大的埃里克是家里的老二，吃东西很挑剔。爸爸给大家分炖牛肉——家里人最爱的美食——的时候，埃里克瘫坐在椅子上，不高兴地说："我不喜欢吃那玩意儿。""埃里克，试一下。"妈妈求他。"你知道我不喜欢吃乱炖的东西，"埃里克嘟囔，"就是不吃。""那好吧，我给你做一个汉堡。"妈妈忙活的时候，埃里克玩起了餐刀，一口不吃。爸爸和别的孩子吃完离开餐桌。妈妈和埃里克边吃边聊今天上学的事儿。

---

① 有个妈妈采用这个办法，带着一个十岁、一个七岁的两个孩子长途旅行，开了两千英里，一路和谐相处、欢声笑语。没有任何冲突或混乱。

由于埃里克操控全局，妈妈不但要额外为他准备食物，还要留下来单独陪他。简直被玩得团团转。

埃里克自然可以不吃炖牛肉，妈妈必须尊重他的权利。但为了做一个“好”妈妈，她不自觉成了奴仆。妈妈和爸爸必须坚定自己的做法，而让埃里克自行选择。同一个案例，试看父母亲坚定的情况。

埃里克说他不想吃炖牛肉。“没事儿，儿子。你不用非吃不可。”爸爸回答。他继续分菜，但漏过埃里克。“哦，难道你们不想给我东西吃吗？”埃里克问。“我们今晚只有炖牛肉，”妈妈回答，“不想吃，你可以离席。”“可是我不喜欢炖牛肉！”埃里克开始嚷嚷。“那没辙。”妈妈说。此刻，爸爸妈妈都坚决避免打口水战，完全不理睬埃里克关于食物、饿肚子等等的说法，就是埋头吃饭。埃里克一怒之下跑开了。后来，埃里克又到厨房要牛奶和饼干。“很抱歉，埃里克。我们家不是餐馆，吃饭时间才开伙。”就这样，埃里克只有等到下一餐才有东西吃，妈妈则毫不理会他的连连抗议。好几次，爸爸妈妈的立场都很坚定。埃里克很快跟大家一样，有啥吃啥。

我们必须尊重孩子的需求和愿望，但也要学会区别正常需求和心血来潮。为此，我们不妨从大处着眼。

三岁六个月的凯西病了好几天，晚上都有大人照顾。病好了之后，她继续索要夜间服务。过了几个晚上，妈妈决定叫停，跟爸爸一起对如何行事达成一致。亲过凯西、道过晚安之后，妈妈说："我和爸爸今晚要自己睡，你叫我们也不应。"凯西半夜醒来呼唤，爸爸妈妈都不作声。仅此一次，凯西又可以自己睡了。

妈妈告诉凯西她的决定，让凯西自己拿主意。后来凯西试探的时候，妈妈果然很坚定。

从游乐场回家的路上，莎伦突然说想去姨妈家。妈妈说不可以，该回家了。莎伦抽噎乞求。妈妈继续走。孩子趴在人行道上大声哭闹。妈妈若无其事继续走，甚至不回头张望。突然，莎伦从地上爬起来，跑向妈妈，又笑又跳。母女俩开开心心回家。

妈妈通过行动坚定表示该回家了，既不跟莎伦争吵或解释，也不屈从于她的要求。孩子瞅见妈妈的坚定，也就从了。

坚定就是我们拒绝屈从于孩子的过度要求或纵容孩子的心血来潮。一旦拿定主意必须守规矩，坚持到底。孩子很快就会赶上。

秩序的维护需要一定程度的坚定，甚至无声的压力，尤其是在跟小朋友打交道的时候。妈妈说“不”之后，必须确保规矩从头到尾得到执行。打骂、威胁收效甚微，因为这些不友善之举虽然可以暂时中止烦人的行为，却往往引发另一个环节的冲突，加剧孩子的行为不端。咬定青山不放松，孩子方可学会规矩。如果孩子不愿意穿戴整齐上学，妈妈可以不让孩子去学校。如果他闹个不停，妈妈可以要求他离开房间。不过，哪怕施压也必须让孩子有选择。“如果你安静，就可以留下来。”如果安静不下来，妈妈可以让他选择自行离开或是被带走。要求他离开似乎有点儿专横，可是，孩子不会这么想，如果他们还有别的选择，而且父母的要求并不过分的话。哪怕亲子关系濒临破裂，孩子也会配合，但父母不要大惊小怪，解释、道歉或说教个不停。无声的坚持对小孩子特别有效、必需。有时候甚至一个坚定的目光就够了。孩子明白父母的意思。如同一个妈妈在讨论小组所言：“每回我不够坚定、犹豫不决的时候，芭芭拉都会得逞。可是等我打定了主意，她甚至懒得纠缠我，索性自己放弃。”

SHOW RESPECT FOR THE CHILD

第八章
尊重孩子

民主生活基于互相尊重。如果某个关系里只有一方受到尊重，就没有平等可言。我们必须明确表示对孩子及其权利的尊重，而这需要在过高期望和过低期望之间审慎平衡。

爸爸妈妈非常以两个月大的格雷戈里——他们的第一个孩子——为傲。只要有需要，他们就会把格雷戈里叫醒，向羡慕不已的朋友展示。

格雷戈里有睡觉的权利。对此权利的忽视，就是对他的不尊重。

格雷戈里经常哭，睡眠也不好。一哭父母就给他喂奶，哪怕一小时前刚喂过。

格雷戈里的健康和成长有赖于按时休息和按时进食。如果进食有规律，他的胃就会形成一定的消化和休息模式。而这有助于食物的完全吸收，建立一个可以终生持续的基本秩序。对新生儿来说，胃就是全部。他与秩序系统的首次接触来自按时进食。宝宝和他的胃有权利要求规律和秩序，他们甚至可以参与按时进食的规划。

儿科医师对按时进食建议不一。遵循“按需喂食”的妈妈会发现，如果她对自己足够放松和自信，宝宝就会养成有规律进食的习惯。反之，如果她患得患失，一味迎合宝宝，就不能帮助他养成按时进食的习惯，并促使他产生不当需求。不规律进食是对孩子和秩序的不尊重。

九岁的彼得是独生子，很想取悦父母。父母对他的行为和学业也有很高的标准，为他安排的兴趣活动花样繁多，而且样样都要求他优秀。成绩拿不到A对他就是灾难。童子军活动必须是领导者，体育要出人头地，钢琴要弹得完美，知道每个岩石标本的名字，飞机模型不能有瑕疵，《圣经》必须背得一字不差。每时每刻他的举止和穿着都要无可挑剔。所有认识彼得的人都觉得他很杰出。可是他有一个父母一直不能矫正的毛病：总是忍不住咬手指甲。他还经常做噩梦，以及习惯性地紧张摇晃肩膀。

爸爸妈妈对彼得的“超高期望”可谓残忍，虽然他们自己可能没有意识到。受取悦父母的欲望驱动，彼得很容易就全面开花。加上他天资超乎常人，又努力，基本上迎合了父母的期望，但也显示出内心反抗和焦虑的迹象。他觉得自己只有遥遥领先、取悦父母才有意义，不敢公开抗拒父母的需求而失位。唯有在睡梦中反抗。彼得正在迎面走向灾难。爸爸妈妈对作为人的彼得非常不尊重，把彼得当作提升他们声望的工具。如果他的一生被父母引导，非伟大不可，彼得也不可能尊重自己。

只有对孩子及其能力有信心，才有可能谈得上对他们的尊重，但这并不意味着我们可以对孩子提任何要求，以满足我们的野心。

十八个月大的帕姆想爬上客厅的椅子，滑了一下，撞到下巴，磕破了嘴唇。妈妈虽然看到她开始流血，但不慌不乱，欢快地说："再试一次，帕姆。你可以的。"帕姆舔一舔流血的嘴唇，继续爬，继续学习。

残忍吗？并不。如果妈妈对受伤大惊小怪，帕姆反倒会气馁。既然妈妈对流血不以为意，帕姆就有胆自己承受——多么发人深省的一课！

九岁的杰夫用自己收藏的水晶石头跟人换了一个化石，虽然不如水晶值钱，但他更感兴趣。爸爸发现后暴跳如雷，首先，因为跟他交换的那个男孩十四岁，比杰夫更明白岩石的相对价值；

其次，杰夫没有事先跟他商量。于是爸爸单方面宣布交易“作废”，引起双方的分歧，并让杰夫觉得自己被轻视，抬不起头来。

交易决定是杰夫做的，理应被尊重。爸爸如果换一个方式应对，既可对孩子表示尊重，也可让孩子保有自尊。杰夫向爸爸展示化石的时候，爸爸可以像平时那样很感兴趣，但暂不提及其他。爸爸可以再过几天才告诉杰夫哪个相对更贵，但不提及交易的事儿。杰夫自会明白爸爸在帮他，而且没有羞辱到他。如果爸爸单方面宣布交易“作废”，言外之意就是杰夫啥都不懂，错都在他。可是，杰夫之前毫无以物易物的经验，怎么会懂？爸爸显然对他期望过高。不仅如此，还要让杰夫明白另一个道理：一旦做出决定就要遵守，这事关荣誉。由此，冲突情境转变成学习情境，父子依旧友好。

一家人到游乐园玩，十一岁的罗伯特缠着妈妈，非要再坐一次碰碰车。九岁的露丝和七岁半的贝蒂却想玩“彭尼街道冒险”。一家人开始往彭尼街道的方向走，罗伯特还在求个不停，都被妈妈生气拒绝。可是罗伯特一激动或紧张，就有口吃的毛病。他越是苦求，口吃就越厉害。最后连妈妈也回头对着他，模仿他口吃，逗他玩。露丝和贝蒂放声大笑。罗伯特咬紧嘴唇，忍住眼泪，自个儿落在后头。

以任何理由羞辱孩子都是对他们的极度不尊重，更对育儿无益。罗伯特一有压力就口吃的事实，表明他的状态早有问题。妈妈的模仿、嘲讽强化了他本就错误的自我认知，亦即面对挫折无可奈何、没有指望。如果妈妈拒绝接受此错误的自我认知，就是对罗伯特的尊重。轻轻说一声“儿子，我们现在要去玩‘彭尼街道冒险’”，就能解决问题。

一家人在游乐场意见不一实在最常见不过。解决起来并不难。离家之前，一家人可以就每个人花多少钱达成一致。同意之后，每个人必须明白他只能花那么多钱。出于安全考虑，什么项目可以玩什么项目不可以玩也必须在离家之前达成一致。父母坚持原则的做法如果能得到孩子的尊重，一家人就可以玩得开开心心。然后，可以试着让孩子自己决定玩什么、怎么玩，从而让他们学会如何对金钱量入为出，以及如何安排游玩时间，让欢乐持续更久。反之，父母的不断提醒和告诫只会带来冲突、争吵和失望。

尊重孩子意味着他们跟我们一样，拥有自己做决定的平等权利，但这并不是说大人做什么，小孩也要做什么。每个家人都有不同角色要扮演，并享有受到同等尊重的权利。

INDUCE RESPECT FOR ORDER

第九章 引导孩子尊重秩序

坚定的父母受到孩子尊重的同时也尊重孩子，至此，引导孩子尊重秩序就会容易许多。

如果孩子与失序的后果无干，就谈不上对秩序的尊重。被利刃割伤，玩火反被火烧，骑自行车失去平衡摔倒，没有躲开疾速飞来的棒球，唯有如此，他才会敬畏利刃、火、自行车和棒球，因为这些现象背后是不可逃避、不容辩驳的秩序。自行车倒了他伸腿支撑，这是他对万有引力的服从。上场击球的时候避开一个很糟糕的投球，这是他对疾速飞来的棒球的力道的敬畏。他学会与物理世界的束缚共存，并让物理定律为己所用。滔滔不绝说再多，也不能让孩子骑车学会平衡。他必须从经验中学习。我们可以帮他在后面加两个辅助轮，但不能帮他学会平衡之术。所以，任何领域都要敬畏秩序，而孩子都要通过经验/行动而非话语学习。但我们有义务为孩子加装辅助轮，等他们日益上道了，再把轮子去掉。对那些可以提供训练经验的情境，我们必须善加利用。

九岁的格蕾丝在客厅桌上写写画画。七岁的威尔玛在地上剪纸娃娃。纸屑飞得到处都是。“弄完了记得收拾。”妈妈经过客厅时嘱咐。“好的。”威尔玛很不耐烦，脸上写满了“又来了！”的表情。妈妈第二次到客厅的时候，两个小姑娘都在看电视。桌上全是纸片，地上全是纸屑和纸娃娃。“记得打扫，姑娘们。”妈妈又提醒她们。“好的，妈妈！”姐妹俩异口同声地说，声音里暗含嫌弃。过了一会儿，妈妈发现她们吃起了零食，杯子扔在电视机上。饼干屑掉了一地。“老天，你们还收不收拾？这乱七八糟！”“好的，妈妈，”格蕾丝恼火地说，“我们会收拾的。”

没过多久，妈妈发现格蕾丝躺在床上看书，威尔玛在户外玩。客厅还是一片狼藉。她把威尔玛叫进来，火冒三丈地说：“赶紧收拾！有客人来家里吃饭。你们知道我想让家里像模像样的。早上你们不是刚帮我收拾过，为什么你们玩完了自己就不收拾？在你们玩别的东西之前，应该先把烂摊子收拾了。你们难道不明白吗？”妈妈数落个不停。格蕾丝和威尔玛绷着脸开始收拾，妈妈高高在上，生气地看着她们。

格蕾丝和威尔玛当然明白收拾烂摊子的道理。可是不论妈妈的嘱咐还是现实的需要，都得不到她们的尊重。姐妹俩到了这个年纪还要妈妈提醒才肯收拾打扫的事实，说明妈妈这么多年的说教和数落全白费了。一个七岁，一个九岁，仍对秩序无感。妈妈每次叮嘱，她们都敷衍以对，但从不信守承诺，显然对妈妈的提醒极其不耐烦。

如今的父母普遍抱怨孩子不尊重秩序，似乎他们不约而同以此反抗家长。父母屡屡下令收拾，却被大多数孩子抵制。妈妈对干净整洁越是在乎，面对孩子的有效抵抗就越是脆弱。

孩子必须懂得秩序是自由不可或缺的一部分。没有秩序，就没有自由可言。

道理是这么个道理，相互尊重却被累及。对女儿的尊重让妈妈没有权利把她的秩序观念“强”加给女儿。而妈妈对自己的尊重导致她不能替女儿收拾、追着女儿跑，从而被女儿玩弄于股掌之间，为她们干活。不过，妈妈可以引导孩子尊重秩序。如何引导？她可以相机行事。

如果妈妈发现女儿的东西乱扔乱放，可以捡起来放好——不是为了女儿，而是为了自己，因为妨碍到她。但是只有妈妈知道东西放哪儿了，因为是她收拾的。女儿自己不收拾，怎么会知道东西去哪儿了？妈妈大可咬住不松口，但要以友好的方式。这不是惩罚。不收拾东西的逻辑后果就是你不知道东西在哪儿。纸娃娃不见了。纸笔不见了。零食碟子和水杯不收拾，客厅就没有零食吃。妈妈不用唠唠叨叨、满腔怨恨，而是心情愉快地把这些事儿干了，但绝对不能把它们当作惩罚或报复。至于女儿自己的房间，她们爱怎么乱就怎么乱。妈妈不必为此担心，但可以引导她们自食其果。

由此妈妈非但没有挫败感，因为不能“让”女儿整洁，反倒可以拒绝合作，不给她们更换床上用品，不帮她们打扫，只要房间还是一片狼藉。女儿可能很快自己就受不了，尤其是找不到袜子或上衣的时候。为了避免女儿对混乱失序的极度气馁，妈妈这时候可以主动提出，一星期帮她们打扫一次，如果她们愿意的话。跟孩子一起收拾的时候，妈妈必须忍住任何涉及混乱失序的话题，比如“太可怕了——你们怎么受得了”之类的。所有对话都要愉悦舒适，一定不能提及混乱失序。等女儿慢慢发现她们的烂摊子不能让妈妈生气，妈妈也不想为“谁胜谁负”较劲的时候，没准她们就会觉得，还是遵守秩序更惬意。自己的房间之外，如果由于她们不收拾而导致自己的东西不见了，没准以后她们就会小心收好。

三岁的珍把三轮脚踏车落在车道上。妈妈叫她带回后院。珍不理睬，继续在沙坑里玩。妈妈很生气，把她拉出来，打她屁股，带她走到三轮车那里。“跟你说过不骑了要把车子放回去。你总是不当回事！”然后妈妈一手抓起三轮车，一手揪着号啕大哭的珍。

妈妈虽然被迫出手，但仍然没有教会珍尊重秩序的道理，只会造成敌意和反抗。静默的坚持可能更有效。妈妈可以把三轮车放回去，但放在三岁小孩不容易拿到的地方。下回孩子再要，妈妈可以说：“对不起，珍。你上次骑过了没有放好，所以这次没得骑。下午再说吧。”最后一句话让珍受到鼓励，没准下回再骑她就会自个儿放好。或者，妈妈可以默默地带着孩子，母女俩一起把车子放好。

十一岁大的克莱经常很晚回家吃饭。因为老是跟那些男孩跑跑闹闹，所以妈妈并不在意。每次晚归，妈妈都帮他热饭，等他吃完，再收拾厨房。

克莱得逞了！妈妈变成他忠诚的仆人，心甘情愿为他额外服务。他却觉得理所当然。没有人要求他守秩序，所以他对秩序毫无尊重可言。他知道只要跟那些男孩好好玩、身体健康强壮就可以，因为这是妈妈最在乎的价值。为什么要按时吃晚饭？他完全可以随心所欲。

克莱的身体健康和朋友关系是很重要，可是这跟他是否学会尊重秩序无关。妈妈完全可以告诉克莱，晚饭六点钟开始，迟到不候。如果妈妈不在乎他有没有饭吃，那要不要准时回家，他就要三思了。

四岁大的多丽丝老是不好好收拾，让妈妈很头疼。家里还有一个十四个月大的凯文，一家人挤在小公寓里。有一天妈妈参加了一个儿童指导中心的培训，有了一个主意，晚上回家跟爸爸商量后，一致同意执行。第二天早上，多丽丝一如既往，把睡衣裤和玩具到处扔。临近中午，妈妈问："你想好好收拾吗？""不想。""天天不用收拾，你觉得怎么样？""好极了！"多丽丝欢呼。"好的。我是不是也可以跟你一样，天天不用收拾？""当然可以。"多丽丝耸耸小肩膀。于是，妈妈那天压根不收拾，但一如既往地跟女儿说话玩乐。她跟多丽丝建议，一起看看她的衣服有没有需要缝缝补补的。多丽丝同意加入，母女俩一起忙碌。不过，妈妈把她的所有衣服都扔到床上。弟弟凯文的衣服、玩具、奶瓶也是到处扔。等爸爸回家的时候，小公寓已是一片狼藉。他把外套随便搭在婴儿推车上，领带挂在台灯上，鞋子乱踢一气，然后没事儿一样，跟孩子一起玩。妈妈做好晚饭，喂了凯文。桌上到处是多丽丝的纸张、蜡笔、颜料，没地方放吃的。妈妈径直到了客厅，随手拿起一本杂志看。"晚饭好了吗？"爸爸过了一会儿问。"早好了。"妈妈回答。"哦，那可以开饭了吗？""不能。"妈妈还在看杂志。"为啥？""没地方放吃的。"爸爸继续看报纸。"我饿了，妈妈。"多丽丝说。"我也是。"妈妈说。多丽丝若有所思，走到厨房，看了看餐桌，又回到客厅。她用脚把积木推来推去，足有一分钟，然后又去厨房。妈妈爸爸若无其事，继续阅读，但很清楚多丽丝在收拾桌子。很快她回来，小声说："妈妈，我们有地方吃饭了。"妈妈立刻把晚饭摆好，一家人有说有笑。

多丽丝想睡觉，发现找不到睡衣。"真遗憾你找不着，宝贝。""可是没有睡衣，我怎么睡觉？"孩子问。"确实有点尴尬，是不是？""我不喜欢这样，妈妈！"多丽丝哭了起来。"那怎么办呢？"妈妈问。"以后还是把东西放好吧。"女儿回答。

有三个因素让这段经历圆满收场。第一，妈妈一直保持友好，没有破坏气氛。第二，她没有任何说教，闭口不谈此事，但不排斥其他话题。第三，最重要的，妈妈对育儿精髓深有体会。她没有任何让多丽丝好好收拾的隐性意图或秋后算账的想法。

不过，如此娴熟操作的育儿情境必须少用。其价值在于全家人面对失序的戏剧性效果。频繁使用的话，效果反倒不佳。

孩子乱扔东西的另一个应对办法是准备一个大纸板箱，除了孩子的房间，妈妈可以把其他地方捡到的任何东西扔进去。从橡皮擦到玩具，无一不可。往里扔东西容易，往外拿东西可不容易，足以让孩子恼火。

如果孩子的房间实在太乱，妈妈可以干脆不进屋。要是有干净衣服送进去，她可以先放在别处。不然，你说屋里哪有地方让她放干净衣服？

想象力可以帮助我们找到友善的方式，避免强迫孩子服从秩序，但又可以让他们体验失序的不便，从而引导他们顺应现实需要。

大体而言，严重失序的背后往往是亲子关系的极度紊乱，而这无法通过任何单一手段矫正，比如逻辑后果的应用。父母必须通盘计划，以修补漏洞百出的亲子关系。

第十章

引导孩子尊重他人权利

INDUCE RESPECT FOR THE RIGHTS OF OTHERS

六岁大的卡里似乎很喜欢音乐，很爱放唱片。有一天妈妈发现儿子用客厅的高保真音响播放她的黑胶唱片，心里很不安。因为唱针没放好，几张好唱片都被刮坏了。妈妈跟他说了这些唱片的价值、对她的意义，让他务必小心对待。小男孩不安地扭动。妈妈让卡里保证不再碰她的唱片，而是等她回家了一起听。可是，卡里第二天就忍不住，又放她的唱片。

卡里没有权利放妈妈的唱片。妈妈必须坚定这一点。妈妈的解释和卡里的保证不仅徒劳，而且都不在点子上。妈妈只要说："卡里，那是我的唱片。只有我自己可以播放。"卡里每次想动高保真音响，妈妈可以问他是想自己离开客厅还是被带走。这么做显示了对孩子可以自己做决定的权利的尊重。妈妈坚持卡里必须离开的决定，但让他自己选择如何离开。

上述案例阐明了专横跋扈和伸张权利的微妙区别，也就是意图。妈妈没有勒令卡里只能播放他自己的唱片，而是向他表明妈妈的权利必须被尊重。

四岁大的艾伦一旦对妈妈不满意，就会打她、踢她甚至咬她。妈妈不相信打孩子的道理，对女儿的行径很是沮丧。她试过告诉女儿自己深受伤害、想让她“良心”发现的办法，但孩子就是不为所动。

可怜的妈妈！相信孩子拥有无所不可的权利！可是在人人平等的情境里，每个人的权利都是对等的。如果艾伦有权利打、踢、咬妈妈，妈妈也有同样的权利，而且妈妈必须让艾伦明白这个道理。关键在于如何让她明白。下回艾伦再打人，妈妈可以笑笑说：“我知道了，你想玩打人的游戏。”然后妈妈也打艾伦一下，而且是真打。孩子可能会被激怒，又打回来。就像玩游戏一样，妈妈也打回去，必须真打。如此继续下去，直到艾伦退却。根据我们的经验，很少有孩子愿意玩到第二轮！他们可能怒上心头又打回来，但如果跟他们说这是一个打人游戏，你一下我一下，他们很快就会仓皇撤退。

有时候，对于孩子相信只有自己才拥有的特权，父母可以假装认同。这一招在很多情境下很管用。看到六岁的儿子又吃大拇指，妈妈可以一句话不用说，也吃起自己的大拇指来！儿子就会很气愤！他觉得只有他有权利吃大拇指，妈妈没有。看到妈妈也吃大拇指，一些孩子就戒掉了这个习惯，我们见过这样的案例。（可是不能只依靠这一招！）

七岁大的潘妮和五岁大的帕特很不喜欢爸爸妈妈跟朋友在家里打桥牌。每回都穿着睡衣跑来跑去，尽可能“表露”他们的不高兴，而且不上床睡觉。爸爸实在忍无可忍，打了他们的屁股，愤怒地把他们扔到床上。

爸爸妈妈有权利跟朋友在家里打桥牌，而且不被孩子干扰。在客人到来之前，他们可以跟孩子说：“我们不想朋友被你们吵到。有礼貌地跟他们打个招呼后，你们必须离开客厅。现在，你们有两个选择：要么送你们去姨妈家[①]，要么你们好好配合就可以在家待着。”但是必须尊重孩子的决定。如果他们选择在家待着但又调皮捣蛋，下回不用征求他们意见，就可以把他们支开。然后再下回，可以再给他们选择的机会。

前文第七章，我们描述了凯西如何学会尊重父母亲自己睡觉、不陪她睡的权利，也是如此情形。

---

① 如果没有姨妈，可以雇个保姆跟孩子在房间里待着。

ELIMINATE CRITICISM AND MINIMIZE MISTAKES

第十一章
不批评和少犯错

八岁大的查尔斯刚给外婆写了一封感谢信。妈妈想看。小男孩不情愿地推给她。“哦，查尔斯，看看你的书写。难道你就不能写直吗？还有三个单词拼错了。来！重抄一遍。你可不能把这玩意儿寄给外婆。”妈妈用印刷体写出拼写正确的单词，让查尔斯重抄。可他还是继续拼错，信纸扔了一张又一张，最后气得眼泪直流，把笔一扔。“我就是写不对！”他大声嚷嚷。“先这样，”妈妈指示，“你可以干点别的，半个小时后再来写。”

我们对错误的过度强调大错特错。查尔斯本来写得开开心心的，外婆收到信也会很高兴，写错几个单词有什么关系？现在搞成这样，他对写信又痛又恨。妈妈眼里只见错误，孩子也从乐观到悲观，害怕犯错误。恐惧之下，孩子越发犯错，万分沮丧。这不就是好事变坏事？我们对错误的过度关注，对孩子完全不是鼓励。记住，我们只能基于长处而非缺陷，方可有所成就。

如果妈妈强调查尔斯给外婆写信的体贴，试想查尔斯会受到多大的鼓舞！由于正能量被强调，查尔斯必会极度愉悦，将来更乐意体贴入微。不仅如此，妈妈还可以指出一些书写漂亮的字母，告诉查尔斯：“瞧，这个C你写得非常漂亮。太棒了！你一直在学习。”查尔斯就会觉得受到鼓励，把信写得更好，因为他对自己能力的自信得到了极大提升。至于拼错的单词，妈妈可以先不管。重要的是他跟外婆的沟通欲望。妈妈对查尔斯期望过高。

我们花大把时间跟孩子在一起，盯着他们犯错，然后立刻指正。流行的育儿体系似乎基于如下理念：孩子必须被“训练”到只有优点没有缺点。可是多想一想，我们就会发现自己其实是凭直觉行事。如果我们旨在纠错，所见就皆是错误。如果我们多看看孩子的长处，相信他们的能力，适当鼓励他们，错漏自会越来越少。

问题是，我们总是担心孩子长不好，沾染坏习性，态度不端正，干坏事。我们紧紧盯着，不让他们犯错。或者不断纠错、不断训诫，不仅对孩子没有信心，也让他们气馁、受辱。心里眼里只有负面和消极，如何指望孩子有能量前进？

不断纠错不仅让孩子觉得老是犯错，而且害怕犯错，从而不愿意做事情，因为做多错多。恐惧到了一定程度，甚至会让他失去行为能力，形成除非完美否则一无是处的认知。可是，谁也不可能完美，力求完美导致的往往不是进步，而是绝望和放弃。

人都会犯错，但招致大祸的错误寥寥无几。很多时候我们甚至不知道某个给定行为本来就是错的，直到我们执行完毕、后果显现！有时候为了发现错误，甚至必须先犯错误。我们一定要有不完美的勇气，而且同样允许我们的孩子不完美，如此方可作为、进步和成长。如果我们少犯错，更积极，孩子就会始终保有勇气，积极学习。“犯错之后怎么办”，如此态度方可鼓励孩子继续前行。相比犯错之后的修正，犯错本身不算啥。

十岁的玛格丽特从烤箱里取出烤焦的曲奇，不禁泪流满面。她明明遵照了曲奇混合料的调配指示，曲奇还是烤焦了。妈妈闻到焦味，来到厨房。“怎么啦，宝贝？”“曲奇烤焦了。”玛格丽特抽泣道。“哦，看得出来。我们一起来找原因吧。我知道你不是故意的。但是哭泣无济于事，宝贝，虽然我知道你心情不好。”听到妈妈这么劝慰，玛格丽特止住哭泣，跟妈妈一起一一从头核对指示，终于发现玛格丽特定错了自动定时器的时间。“哦，我明白了。”“好极了，”妈妈说，“我们打扫一下，你可以再试一次。”

妈妈把失败及其原因变成了教学情境。她没有因为曲奇受损而责备玛格丽特，也没有批评她的失误。她的实事求是让玛格丽特明白犯错并非结束，关键是找出原因。对女儿的气馁，她适度表示理解，然后跟她一起寻找原因，带她走出气馁，最后还鼓励女儿再试一次。妈妈的支持和同情让玛格丽特的气馁烟消云散。

很多时候，孩子犯错只是因为经验不足或误判。为此他们本已郁闷至极，再去责骂或责怪他们只会雪上加霜。

爸爸去工作台找一把螺丝刀，一看之下火冒三丈。工作台上躺着一个飞机模型，螺丝刀、钳子、锤子和扳手乱作一团。飞机模型、台面以及所有工具都蒙上了一层铝漆。地上扔着一个铝漆喷罐。爸爸气得把十岁的儿子斯坦叫过来。“看看你干的好事，”他对着斯坦大声嚷嚷，“为什么你就是不会收拾？你有什么权利把我的工作台弄得一团糟？我的工具还上了漆！你到底在干吗？回答我！”斯坦吓得舌头打结。

斯坦忍住眼泪。“爸爸，我只是给飞机模型上漆。没想到它喷那么远，我就不知道怎么办了。”“为什么你不马上告诉我，而是等着让我自己发现？”“我怕你生气。”斯坦嘀嘀咕咕。“我当然生气！瞧你干的好事，还一声不吭。看我怎么修理你，臭小子！”

爸爸的愤怒可以理解。可是，一层铝漆对工具的功能没有影响。火冒三丈的爸爸听不到斯坦言语中的难受，也没有意识到小男孩的困境。爸爸的反应确证了斯坦害怕爸爸发火的恐惧，让他更不敢向爸爸求助。而爸爸不论如何修理斯坦，都不会让工作台重归整洁，也不会让斯坦学会如何使用喷漆。

怎么做才好呢？

首先，爸爸必须在发怒之前意识到，斯坦并非故意朝工作台喷漆。明眼人一看就明白是怎么回事。其次，爸爸可以把此事当作一次教学机会。小男孩自己动手喷漆的事实说明他很有勇气。

假设事情这么发展：

爸爸把斯坦叫到工作间。“看得出来你碰到难题了，儿子。可以告诉我怎么回事吗？”斯坦不安地说：“哦，我是想给飞机模型上漆。没想到漆喷得那么远。”“所以你现在明白喷漆跟刷漆不一样，对不对？”“那是，当然。”爸爸的友善让斯坦如释重负。“下回你知道应该怎么喷漆了吗？”“是的，”斯坦想了想，“可以在边上铺一些纸。”“把纸板箱拆掉一边，把飞机模型放进去，然后从拆掉的那一面喷，怎么样？”爸爸建议。“嘿，那更高明了！”“工作台上的工具怎么办？”“哦，不知道。应该无碍吧，它们也没受伤。”“你喷漆的时候，把它们挂在原来的板子上，怎么样？”“它们就不会被喷到啦。”听到爸爸让他学会收拾东西的暗示，斯坦忍不住窃笑。“这些被喷到漆的工具怎么办呢？”“我觉得可以用松节油清理干净。”“松节油对干漆没用，斯坦。”“哦，那怎么办？”“把手没办法了，只能变成铝色，我想。金属部分或许可以用钢丝球抛光。”“好的，我试一试。”

斯坦乐意收拾残局。爸爸和他还是朋友，父子依旧亲密无间，而他也从错误中得到了教训。

妈妈把意大利面酱装到大盘子里。“我可以帮忙吗？”琼问。“哦，琼，我不知道。你一向笨手笨脚的！嗯，好吧。来，看看你能不能把大盘子端到桌上不洒出来。小心点。”妈妈把装满酱汁的盘子递给她。琼缓缓走过去，眼睛盯着盘子里的东西，小心翼翼地端稳。谁知她的脚不小心绊到椅子腿，盘子斜了，酱汁洒到餐桌、裙子的前摆和地毯上。“琼！笨死了！你咋回事？我不是跟你说过小心吗？为什么你啥也干不了？”

琼很努力不显得“笨手笨脚”，但因为绊到椅子腿，还是把酱汁洒了，她最害怕的事情还是发生了。如果妈妈真的相信琼有能力把装满酱汁的大盘子端到桌子上，琼很有可能

走得更稳。现在可好，琼越发相信自己笨手笨脚，而且又有一次失败入账。

孩子自然容易犯错犯浑。如果我们一律抱持批评态度，无意中会让可欲行为可能产生偶然偏差，开始恶化成严重而且往往持久的缺陷或过错。比如，很多小孩偶尔会口吃，只要不大惊小怪，口吃一般会自己消失。可是，由于我们拼命想负责任，阻止或矫正任何不可欲的行为——因为我们总觉得必须干点什么——导致我们很容易一看到孩子“错误”行为的苗头就跳脚。结果非但不能矫正，反倒徒增难度，因为孩子觉得这么下去对他们有好处，要么是因为可以得到额外关注，要么是因为让我们受挫而获得成就感。批评因而对孩子无甚“教益”，只会使他们继续保持错误的行为。

为了有效引导孩子，我们必须对正在发生的一切情形十分警觉。孩子犯错了吗？错误的根源是灰心失望、判断失当还是知识匮乏？抑或别有意图？上述玛格丽特的案例和斯坦的案例阐明了缺乏经验和判断失当的情形。查尔斯的案例和琼的案例则是灰心失望。前两个案例需要引导而不是批评，后两个案例则需要鼓励，以挖掘孩子们的能力。

不过，如同前文所述，做坏事也有可能是不当目标的结果，亦即孩子别有意图。果真如此，那就不是错误

(mistake)，而是过失（fault)。

妈妈和莎伦在公园野餐时碰到了一个老朋友。妈妈在介绍的时候，莎伦紧紧抱住妈妈，手指含在嘴里。“没事儿，莎伦，别害羞，”妈妈求她，然后回头对朋友说，“搞不懂她为什么这样害羞。家里其他孩子都不会。”莎伦听闻更畏缩了。妈妈的朋友弯下腰，想跟她互动。莎伦还是不笑，垂着眉毛打量她。朋友最终放弃，开始跟妈妈聊天。莎伦愣了一会儿不说话，用力拉妈妈，爬到妈妈腿上，抬头要妈妈亲她。

因为莎伦的害羞别有用意，只是叫她别害羞无济于事。过度关注其过失（抑或错误的行为方式）只会更糟。莎伦认定自己是家里“最害羞的那个”，这让她显得与众不同。检视莎伦害羞的结果，我们发现莎伦因此备受关注。外人也想让她有所回应，她仍是大家关注的中心。(有时候我们尽可如此想象：害羞的孩子在心里窃笑，因为大人的举止真是滑稽！）既然有回报，为什么不继续害羞呢？

如果莎伦不能吸引大家的兴趣，她就没有理由继续害羞。妈妈可以自豪但随意地介绍她，如果她没有回应，那就继续跟老朋友聊天，轻视或无视莎伦的害羞。如果朋友坏事，说："我的天，她很害羞，是不是？"（朋友经常这样干）妈妈可以回答："没有，她不害羞。只是现在不想说话。一会儿就好了。"

如果我们想让孩子改善，必须努力发现其行为背后的意图；然后，虽然闭口不谈孩子的意图，但我们的行事方式必须让其意图不再得逞。大多数时候，此类方式包括不应对、不回应、不冲动。

六岁半的伊泽贝尔有一个八岁的哥哥弗雷德，他蛮横、惹人爱、无忧无虑。伊泽贝尔总是掉眼泪，妈妈、爸爸和弗雷德都叫她"哭宝宝"，一哭就被他们训斥。弗雷德还故意逗她哭，让她丢脸。有一天全家人去游泳池玩。两个孩子跳下车往前冲的时候，伊泽贝尔摔倒了，膝盖有点破皮，立刻难过得抽噎起来。"哈，她就会哭！"弗雷德不屑地走开。"小伤而已，伊泽贝尔，"爸爸厉声说，"别哭哭啼啼的，去游泳池玩吧。""疼！必须贴点啥！"小女孩抱着腿边哭边说。"别哭了，"爸爸怒喝，"用不着贴点啥。进了游泳池，你就全忘了。""别再做哭宝宝，伊泽贝尔，"妈妈也烦了，"走吧，游泳去。"伊泽贝尔还是哭，不想动。一个熟悉的阿姨跑过来，跟他们热情打招呼。伊泽贝尔哭得更大声。伊迪丝阿姨注意到之后，俯身问她话，安慰她。伊泽贝尔还是哭，爸爸又发话了："伊迪丝，你尽可以在那儿坐上三个小时同情她，她还是只会哭个不停，这就是她的目的。她就是一个哭宝宝。我们去游泳吧，让她自个儿坐着哭。"一家人跳进游泳池，不管伊泽贝尔。很快伊泽贝尔也加入，一开始不大情愿，但很快玩得不亦乐乎。

哭宝宝总能博得我们的同情。孩子受苦让我们伤心难过。伊泽贝尔很早就发现了这个好处。问题是她使用过度，惹得全家人烦。不过，哭还是有好处的。他们都注意、谈论此事，责备她，总之为她操心。被人骂虽然可怜，总算有一席之地。每次被人叫"哭宝宝"，她的自我认知就强化一次。家里人后来恍然大悟，让她自个儿哭，他们都去游泳。可是在那之前，他们都实现了伊泽贝尔不遗余力的爱哭意图。

如果爸爸妈妈想帮伊泽贝尔长大，不再做"哭宝宝"，首先必须认识到，伊泽贝尔爱哭就是为了索取过度关注。然后他们应该不再提及这一点，别把伊泽贝尔贴上爱哭的标签，直至完全无视。就此案例而言，可以有个大人（不管谁先跑过去）漫不经心看看伤口严不严重，发现是轻伤，就说："很抱歉你摔倒了，不过很快就不疼了。等你可以了，来游泳池玩吧。"然后他们可以先走。一旦伊泽贝尔发现哭没用，没准就会改变行为。每回她哭，这一招都可以派上用场：漫不经心地承认她有哭泣的权利，但只要准备好了，随时可以跟家人一起玩。对她的缺点视而不见和让她徒劳无功的技巧，并不是说不用注意她，尤其是她开心、配合的时候。

我们必须努力做到对事不对人。这在当下尤其重要，因为我们想出了很多骂人的标签——哭宝宝、小碎嘴、马大哈、大话王等。我们必须认识到孩子都是乖宝宝，之所以行为不端，主要是因为不开心，抑或发现干坏事有好处。给孩子贴标签，我们就难免以那个标签看待他。反之，孩子也是如此，会不由自主认同那个标签。而这会强化孩子错误的自我认知，妨碍他积极进步。当我们认识到不是孩子坏，而是他干的坏事坏，孩子也会感觉到，进而回应。他意识到我们对他越发有信心，从而赋予他改正缺点的额外勇气，而这些缺点由于被我们忽（无）视，对他来说已不是个事儿。

第十二章 保持作息规律

MAINTAIN ROUTINE

“潘妮呢？”爸爸坐下来吃早饭的时候问。“我估计她今天早上起不来了，亲爱的。”“为什么？”“哦，她昨天晚上熬夜了。见不到你，她不睡觉。”“可是我跟你说了，我很晚才回家。”“我知道，可是她不理睬。所以我就让她熬到睡着为止。”“今天上学怎么办？”“哦，没事儿。只是幼儿园。我给老师写张条子，说她今天早上不舒服。”“我说不好，梅格，不过我觉得潘妮应该守一些规矩。”“哦，将来有大把时间让她学规矩。她还是小宝宝呢！”

爸爸说得对。潘妮必须保持作息规律。作息规律之于小孩，好比墙壁之于房子，赋予生活边界和尺寸。在一个不知道预期的情境里，没有孩子会舒服。作息规律不仅带来安全感，还有秩序感，而这是自由的基础。赋予潘妮熬夜的“自由”却剥夺了她正常休息的权利，让第二天手忙脚乱，也剥夺了她上学的权利。这不是自由，而是特许。如果妈妈以一个虚假的理由让潘妮不用去上学，并且不用承担后果，潘妮就学不到如何做决定的智慧。跟其他孩子一样，潘妮也在寻找界限和边界的舒适感，想知道自己可以走多远。如果没有边界，潘妮就会困惑不解，进而有权利放开手脚自行其是，因为没有人束缚她；然后有一天，她突然变得无法无天，家里人不得不痛下狠手，她却目瞪口呆，不明白咋回事。

父母有责任制定作息表，维持家庭的舒适运转，亦即制定并维持日常秩序，让孩子有章可循。年纪小不是孩子可以不体验不遵守秩序的理由。一旦作息表确立，孩子自会有所感觉，知道如何行事。

如果你想从芝加哥开车旅行到洛杉矶，当然不会只是发动车子，然后兴之所至随意开。你会走有章可循的高速公路。孩子的生活教育也是如此。洛杉矶是我们自驾游的目的地，社会融合和自给自足则是父母引导孩子的目的地，同样必须走有章可循的通路方可抵达。至于为家庭制定什么样的作息表，我们可以有所选择，就像我们可以选择走哪条高速公路抵达洛杉矶一样。作息表不可或缺。当然，不应该太死板、不灵活。总有各种意外发生，我们为了满足需要，不得不打破作息表。可是，破例并非规则，父母不能为了迁就或满足孩子的奇想而随意破例。

放暑假了，吉尼和林恩各种方式放飞自我。晚上熬夜，早餐不定时，零食和汽水想吃就吃想喝就喝，以急着出门跟朋友玩为由婉谢各种家务活，让妈妈开车送他们，一会儿这里一会儿那里。到了七月中旬，妈妈总是唉声叹气："要是现在开学，熊孩子回笼，我会开心死了。"

暑假的时候让孩子免受作息表的压力，这个做法似乎蔚然成风。当然，行程和作息表可以改，但不能乱成一锅粥。一个自由放任的暑假会让孩子觉得学校——或学业——难以忍受，"自由自在"最好。这个观点当然不对。上学是孩子生活不可或缺的一部分，就像爸爸妈妈要上班要持家一样。所有这些职能的运转都需要作息表，否则就会紊乱。假期当然也要，它意味着作息表的改变，恢复身心的方式、生活节奏和行为方式的变化，但我们不能全然抛弃作息表。暑假与上学的作息有所不同，睡觉时间不是不可以调整，让一家人有更多时间一起欢乐，起床时间、吃饭时间也是如此。但我们仍然必须保持秩序感，否则就谈不上互助合作和社会融合。

让我们返回第四章乔伊丝的案例。乔伊丝不断博取妈妈的注意。如果妈妈尽早设立一个亲子游戏时间表，就有助于她摆脱乔伊丝纷至沓来的过度需求。反之，如果乔伊丝明确知道妈妈有一个跟她一起玩的时间表，对妈妈不断拒绝她骚扰、要她守秩序的要求也会更加容易接受。

孩子确实需要我们关注。除了一个明确、固定的亲子时间表，还有什么更好的方法，可以建立和谐快乐的亲子关系？这是属于孩子的时间，他们也知道跑不了。如果妈妈和孩子都认识到这一点——每天有固定的亲子时间表，为了尽其所用，互相冲突的机会就会微乎其微。可以想象，此后的亲子关系将多么愉悦！（最可悲的是，有些孩子不合作的态度根深蒂固，不想跟父母一起玩，甚至不把他们当朋友。）

让我们重回第四章佩吉的处境。妈妈和佩吉陷入的权力之争本来可以避免，如果有一个明确的“时间表”，让佩吉明白妈妈一定不会退让。该睡觉就要睡觉。如果孩子对时间表的坚决执行有所体会，为了找到边界，基本上不会违抗。当然，如果权力之争已经发生，每个时间表都会被孩子当作攻击武器使用。所以，孩子对时间表的体验必须让他们觉得若无其事，但又理所当然，虽然坚持但静默，避免任何口舌之争，如此，父母方可赢得孩子对家庭秩序的服从。当然，涉及父母和孩子共同参与的活动，只要一个时间表即可，那就更简单了，比如吃饭时间。不过，每个家庭成员的不同职能可能需要不同的时间表，但是这个不同必须明确，而且不能与全家人共同参与的活动冲突。比如一岁婴儿比九岁哥哥早睡，但哥哥又比父母早睡。

以第九章克莱的案例为例，如果妈妈有一个吃饭的时间表，全家人严格执行，就可解决难题。因为合理的假设是，没有人会武断地设立一个让全家人不舒服的饭点。所以全家人必须合力找到这个作息规律，以符合整体利益。切不可照搬照抄别人的时间表。不过，设立时间表和边界，让全家人一起成长和发展，通常是母亲的职责。一旦孩子越界，妈妈有义务无声地坚持规则。对家庭作息规律的严重违反，通常是父母不断姑息的结果。

另外，家庭生活准则通常也是妈妈设立的，比如出门前整理床铺、爸爸回家前保持客厅整洁、餐桌礼仪、周日在餐厅吃饭、节假日庆祝。这也是缘由我们薪火相传的文化价值，人类生活的常规。

有一次在我们的父母讨论小组，大家说到了普遍糟糕的餐桌礼仪问题。讨论中大家发现，在厨房随意就餐的习惯可能是因素之一。小组十八个妈妈决定以后试着在餐厅吃饭，正式一点儿，并在下次小组讨论的时候汇报。没有餐厅的家庭也在厨房设一个专门的就餐区。下一周，每个妈妈都惊讶地发现大家不约而同地都有改善。虽然需要额外劳动，但大家都觉得足以从家庭氛围的提升中得到补偿。（如今换新房子的时候，家庭主妇都想要一个单独的餐厅，是不是跟这个有关系？）

就这样，我们建立的这些生活方式成为家庭生活的例行常规。而每天的小打小闹精彩纷呈，让我们的生活更加丰富和愉悦。

TAKE TIME FOR TRAINING

第十三章 花时间训练孩子

孩子需要接受明确的训练，以应对生活的方方面面。孩子天然通过观察学习知识，但不能光靠这个。我们需要训练他如何穿衣、如何系鞋带、如何吃饭、如何洗漱、如何上街，随着他渐渐长大，还有如何干家务活。但我们不能通过偶然点评或责骂或威胁或惩罚教会他们这些，花时间训练他们应是生活常态之一。

每天早上，四岁大的温迪都一筹莫展，等着妈妈帮她穿衣。她扣不上纽扣，分不清衣服的前后面，更别提系鞋带。妈妈每天早上都骂骂咧咧，最后还是妥协帮她穿好衣服，打发她去外头玩。

无助让温迪尝到了甜头。一直服侍她的妈妈必须训练她学会自己穿衣。

如果我们懒得花时间训练孩子，将来势必要花更多时间纠正他们。而持续不断的纠正往往毫无“教益”，因为它们属于批评一类，只会让孩子气馁，激怒他们。于是互相冲突之余，孩子索性不学了。另外，所谓“纠正”经常走火，还因为孩子视之为获取过度关注的手段，一用再用，乐此不疲。

心态正常的孩子对啥都有兴趣。稍微上点心的父母都会觉察，并鼓励他们。不过，有些时间段不适合进行此类体验。早上高峰期绝对不适合教孩子系鞋带。那个时间段的压力只会让父母更不耐烦，让孩子更加挑衅。午后游戏时间通常比较理想，可用以训练孩子掌握新技能，并让训练成为游戏的一部分。玩具市场上可以买到很多辅助训练道具。妈妈也可以自己设计：拥有一排大纽扣和扣眼的旧衣服可以被钉在木板上，辅助温迪训练；或是在硬纸板上画一只鞋子，打上几个大洞，训练温迪如何系鞋带。要是孩子参与了教学道具的设计，兴趣还会倍增。他们本来就很喜欢看着妈妈做玩具，要是还能参与，肯定更乐不可支。妈妈亦可借助孩子的心灵手巧，进而培养他们的创造力。

餐桌礼仪可以用洋娃娃茶话会的形式传授，也可以同时融入介绍和接待客人的礼仪。火车、汽车或电车上的行为规范可以用假装出行的方式传授。表演和角色扮演也是有效的训练手段，谁不知道孩子天生就是演员？

任何技能都要有规律地反复训练，直至熟练掌握。每项技能最好分开学习。耐心、相信孩子的学习能力、多鼓励孩子（比如“再试试，你可以的”）、愉快舒适的气氛、对孩子成就的嘉许，诸如此类，都会让学习过程变成享受，对孩子和父母皆然。

此外，训练孩子如何理解或应对不愉快的意外，也是应有之义。

格温和博比即将要做切除扁桃体手术。妈妈觉得一些必要的知识储备对他们有帮助。手术前几天，她设计了一个游戏。“假如这个洋娃娃要去医院切除扁桃体，”她提议，“首先，我们该做什么？”“准备行李箱。”博比回答，还拿了一个玩具箱过来。“箱子里装些啥？”孩子们挑好东西，放了进去。洋娃娃穿好衣服。博比扮演爸爸的角色开车。护士接待以及住院手续经过充分合适的对话后也办好了。妈妈扮演医生，跟洋娃娃说话。她以一个推车为例，假装那是担架。滤茶器套着白色旧袜子，装作打麻药，一边打一边跟洋娃娃解释。“味道有点怪，贝琪（洋娃娃的名字），不过你只要深呼吸几次，帮我数数就好。很快你就睡着了。”游戏至此，妈妈巧妙地略去了真实的手术环节，因为孩子不会知道之后发生了什么。“贝琪睡得可香了。现在我要切除她的扁桃体，再把她放到担架上。”妈妈一边说，一边解开她脸上的面罩，又把她包在毯子里，放回担架。“回病房了。等她醒了，还有冰激凌吃。”“切的时候疼不疼？”格温问。“完全没有痛感，格温小姐，”妈妈回答，继续扮演医生，“瞧，睡得可熟了。”“醒了疼不疼？”“也就嗓子有点疼，格温小姐，但是我知道她可以忍受，而且很快就不疼了。”然后，妈妈问谁想扮演第二个洋娃娃的医生。博比愿意，故事重复了一遍。

第二天，孩子们互相把对方当作病人，继续玩切扁桃体的游戏。妈妈提供了一个更大的滤茶器。

格温和博比后来在医院不仅表现出信任，而且很配合。妈妈之前说洋娃娃可以忍受嗓子疼的时候，其实是坦诚地告诉孩子肯定会疼，但也表达了她对孩子可以忍受的信心。她还不经意地透露了疼痛的一个关键信息——很快就不疼了（虽然对疼痛的人来说似乎没完没了！）。

如何训练孩子自立，前文第三章已有所阐述。芭芭拉必须学会自己玩。如下是一个正相反的教学情境，必须让妈妈置身事外。很多时候需要父母退后一步，让孩子自己摸索，走出困境。

两岁半的简受到挫折，气得直叫唤，因为她的拖车轮子被椅子腿绊住了。“咋回事，简？”妈妈闻声赶过来。简气得直跺脚，叫个不听。妈妈坐下来了解情况。简用力拉，拖车还是纹丝不动。“除了用力拉，还有别的办法吗？”简换了一个方向拉。还是不动。“如果向后拉呢？”简试了试。拖车自由了！简拉着拖车撒开腿跑。“你自己可以办到，对不对？”

妈妈舍得花时间训练女儿，而这种训练将持续多年。此处她让女儿明白可以尝试多种办法解决问题的道理，而且她没有动手帮女儿解救拖车，而是利用这个情境让简学会如何自立。

妈妈把十个月大的布鲁斯放进沙坑，坐在边上盯着。布鲁斯双手插入沙里，扒来扒去，看着妈妈，做了一个鬼脸，抓起一把沙子塞进嘴里。“布鲁斯，别！”妈妈吓得跳起来跑过去，他却爬着想逃。妈妈好不容易逮住他，挖出他嘴里的沙子，又把他放回沙坑。一小时内，这样的情形来来回回反复了好多次。

布鲁斯发明了一个愉悦的游戏，可以让妈妈绕着他团团转。只要布鲁斯在户外玩，妈妈就不敢阅读，必须时刻盯着他。

妈妈必须花时间训练布鲁斯别随随便便把东西塞嘴里。很多婴儿这么干：这是他们探索周边世界的方式之一。那是什么感觉？什么味道？虽然是自然的行为，但不能以此为由不训练他们自我约束。每回布鲁斯把沙子塞嘴里，妈妈可以把他带出沙坑，放到婴儿车里。既然布鲁斯不想在沙坑里好好玩，那就离开。布鲁斯可能号哭以示抗议。妈妈就让他号哭，尊重他发泄懊恼的权利。除非布鲁斯安静下来，否则不要再给他尝试的机会。一旦布鲁斯又往嘴里塞沙子，妈妈就静静地重复上述过程。布鲁斯很快就会明白。往嘴里塞沙子——坐婴儿车。无须多言。布鲁斯也听不懂，但他明白动作的意思。

随着家庭规模的扩大，训练孩子的需求可能会被忽视。大孩子可能会为弟弟妹妹代劳一些事情。父母亲必须小心盯着，因为大孩子可能利用这个机会树立自己的威权。切记，每个孩子都有自己的习得时期，这会让他拥有个人成就感。

一旦客人在场或家庭外出，不要尝试训练孩子。因为孩子在这些场合的表现离不开他养成的习惯。父母如果想训练孩子在公开场合的表现，应该在家里训练。如果孩子的行为不符合这些场合的规范，最实际的办法就是悄悄把他们带离现场。

第十四章

赢得孩子的合作 WIN CO-OPERATION

换尿布的时候，八个月大的丽莎踢来踢去、滚来滚去、扭来扭去，可费劲了。妈妈气急败坏之际，经常忍不住轻轻打她。丽莎就放声大哭，觉得深受伤害。

让人惊讶的是，八个月大的宝宝，虽然还不能用言辞表达感受，却有办法让妈妈受挫。婴儿的聪明伶俐，我们似乎一直很不愿意承认。哪怕一些很聪明的宝宝，也会被我们当作小呆瓜抚养长大，变成又蠢又笨的大人！可是真正用心的妈妈会发现，孩子真是聪明！[①]当务之急，妈妈必须让丽莎学会配合换尿布。要赢得丽莎的合作，首先，辨识丽莎的意图，然后妈妈就会明白该怎么做，不用气急败坏。其次，她可以调整时间安排，增加洗澡环节的时间，用以训练孩子。最后，每回丽莎动来动去妨碍穿衣时，妈妈可以面带微笑，轻轻用手按住她，同时说："我的宝宝不会乱动的。年

---

① 九个月大的诺曼一切正常，父母却是聋哑人。一天他在地上爬，小脑袋撞到桌子。他就坐直了，回头找妈妈，眼泪汪汪。小脸皱成一团，嘴巴张得开开，泪水倾盆而出——可是在旁边看的人目瞪口呆，愣住了，因为没有听到任何哭声。妈妈赶紧冲过去，把诺曼抱起来，安慰他。婴儿对周遭环境的判断能力超乎我们的想象。诺曼无须动用声音效果，因为他感觉到父母亲听不见。年纪再大一点儿、父母亲也是聋哑人的孩子，使性子的时候会采用跺脚而不是号哭的方式，但父母一样会感知得到并应对。

纪也不小了。一定又乖又可爱……”诸如此类。丽莎听不懂没关系。她明白意思！微笑就是赞赏。丽莎感觉得到，并进而回应。皱眉就是恼怒。丽莎同样感觉得到，并进而回应。如果妈妈毫不生气，而是只有坚定的爱意，宝宝自会明白意思。一旦丽莎不抗拒，妈妈就可以松手。一旦她又扭来扭去，妈妈可以继续按住她。如此反复，丽莎就会学会合作。

因为社会民主之风日盛，我们经常发现很有必要重新评估某些词语的含义，“合作”就是其中之一。以往，威权掌控一切，合作意味着让你干吗就干吗。下级必须无条件“配合”上级。民主给合作带来新义：一起努力以满足现实的需要。民主社会让我们更平等更自由的同时，也要我们承担更大的责任。我们的地位既然不比别人更高，激励别人合作就需要技巧。我们不能直接命令孩子“跟我合作”或者“照我说的做”，所以赢得他们的合作很有必要。

除了每天早上整理床铺，妈妈还给四个孩子分配任务。斯图尔特打扫浴室，吉纳维芙擦盘子，罗伯塔打扫客厅，罗妮扔垃圾。每天，为了让他们干活，妈妈先是提醒，接着责备，最后呵斥，甚至惩罚他们。她最喜欢跟四个孩子说的一句话是：“最好互相配合，否则让你们吃不了兜着走。”

妈妈的意思很明显："照我分配的干活，否则……"她专横地裁定每个孩子应该干什么，强迫他们就范。四个孩子奋起反抗妈妈的做法，而且屡屡得逞。妈妈分配任务的态度显然是老板式的，孩子的应对则是："来吧，看你能不能搞定我们！"这已经不是合不合作的问题，而是权力之争了。妈妈把自己的意志强加给孩子，而不是为了家庭生活互助合作。孩子怎么可能乖乖合作呢？妈妈可以找时间召集家庭成员开个会，列出所有非做不可的家务活，她先挑自己愿意干的，然后问其他人各自想干啥，自己选。由此，妈妈显示了她对孩子的尊重，让他们有所选择——有得决定。选好了之后不管干没干，不用多说话，等过了一周，妈妈再开一个会。"斯图尔特上周选择打扫屋子。他没干。我们应该怎么办呢？""我们"一词让责任落到群体头上，让妈妈摆脱专断角色，履行领导职责。所有建议都周详提出，并在群体内寻求解决。相比容易让人逆反的大人压力，群体压力效果更好。这种方法我们称为家庭会议，将在稍后深入讨论。此处我们想主张的观点是：如今的家庭应以群体（团队）的形式运作，激励每个群体成员以家庭整体利益为重，为了他人利益互助合作。合作则意味着每个成员携手前行，让整体利益最大化。

四口之家的合作好比四个轮子、自我驱动的货车，每个家庭成员就是一个轮子。四个轮子必须一起滚动，货车方可顺畅运行。如果有个轮子卡住了，货车就会颠簸，甚至反其道而行。如果有个轮子脱落了，未经调整，货车根本走不动。每个轮子一样重要，没有哪个更重要。货车的行进方向由四个轮子一起决定。如果每个轮子都想自行其是，货车就会散架、报废。家庭规模或大或小，亦即，不管家庭由几个轮子支撑，上述道理颠扑不破。

论及训练孩子合作，前提是我们自己要合作。但这里的合作并不是说一个人要“屈从”另一个人，而是所有人为了共同目标携手前行。一旦家庭生活的和谐受扰，随之而来的必是合作的中断或哪个轮子卡住了。而这很有可能发生在大人身上！

所有人都应以家庭利益为重。“目前这个状况，需要我们做什么？”而不是我想让别人做什么。这是把我们的意志强加给他人，而非尊重他人。也不能为了息事宁人，屈从于他人的过分要求，这是对自己的不尊重。为了帮助孩子学会合作，我们必须时刻牢记于心，真正的合作意味着对一般通用规则的接受。

几岁可以让孩子帮忙干家务活，这是父母容易犯错的地方之一。学步的婴儿想摆餐具，我们往往说："不用，你还太小。"可是等她到了六岁，我们却要她摆餐具。她难免心里琢磨，这么多年了你们都不需要我，为什么我现在要帮忙？孩子想尽力却被拒绝，我们不知道浪费了多少这样的机会。反之，如果我们同意而不是要求孩子帮忙，他们就会产生一种自豪的满足感。

七岁大的沃德感冒了一周。五岁半的多娜和四岁的罗琳享用游戏室。周六早上——也是沃德病后初愈第一天——是大扫除时间，大家都要帮忙，可是沃德不想参与："凭啥？过去一个礼拜我都不能下床，游戏室不是我搞脏搞乱的。""你这么说也没错，沃德，"妈妈说，"可是我敢打赌，如果你主动要求，多娜和罗琳会让你帮忙的。"沃德想了想，还是去帮妹妹们收拾玩具，帮妈妈用吸尘器打扫。沃德发现玩具柜最上面一层有点乱，就提议说："我们把上面也收拾一下吧。"三个孩子起劲地跟妈妈一起干活。等收拾完了，多娜惊叹："啊，清爽多了！""那是，"沃德附和，"我们帮妈妈一起收拾的！"他很自豪。

沃德并非无理取闹，他的抗拒可以理解。但这家人关系不错，妈妈的点拨也赢得了沃德的合作，因为她不仅承认了沃德在理，而且巧妙地把他的注意力转移到当前所需以及他可以给妹妹们的帮助上。她还暗示助人为乐光荣，也被沃德认可，毕竟他是老大。沃德还发现，提议收拾最上层的玩具柜，让他担起了领导者的角色。一家人其乐融融，把该干的事儿都干了。

有时候，为了赢得合作，必须先帮孩子找回他们的家庭位置。让我们回到第二章贝丝的问题。贝丝没有意识到她的家庭地位发生了变化。她需要帮助。妈妈咨询了专业人士的意见。专家告诉她，贝丝如今假定，只有无助的小宝宝才有价值。妈妈也认识到，贝丝主动提出帮忙却被她拒绝的做法不对。后来他们设计了一个方案，让贝丝找回了自己的价值。

一开始，妈妈让贝丝在儿童室帮忙。她请贝丝从厨房的保温器帮忙拿奶瓶。贝丝不乐意，怒气冲冲地离开房间，回来的时候，尿湿了裤子。认识到贝丝的问题，妈妈没有责备她，也没有大惊小怪。她把贝丝抱在怀里，问她是不是还想做妈妈的乖宝宝。贝丝小声抽泣，使劲往妈妈怀里蹭。妈妈很同情她，安慰她，接着建议贝丝可以回婴儿床睡，虽然她早就不用了。妈妈甚至愿意帮她换尿布，给她喂奶，总之，跟小弟弟完全一样的待遇。第二天一早，妈妈故意先帮贝丝再帮弟弟换尿布，贝丝高兴坏了。六点钟，妈妈还给她喂奶。弟弟吃啥，她也跟着吃啥。后来贝丝想要玩具在婴儿床上玩，妈妈就给她小宝宝的玩具。贝丝想要蜡笔，妈妈说："小宝宝不会画画。你还是我的小宝宝呢。"每回贝丝想要大孩子的玩具，妈妈都这么回答她，但口气温暖、关切。第二天中午，贝丝热切地宣称自己是大丫头了，不想要小宝宝的玩具。"没问题。但是你觉得自己大到可以帮小弟弟的程度了吗？他现在可是啥也不会。"贝丝立刻说是。妈妈继续鼓励她要有姐姐的样子，她的婴儿行为于是渐渐消失了。

上述案例中，妈妈更多是通过行动而非言语让贝丝醒悟，做一个小宝宝不是她想象的那么回事。相比小宝宝的好处，大孩子拥有的经验和本事更有满足感。通过行动，妈妈扭转了贝丝的动机，帮她找回了大姐姐的定位。

妈妈和五岁大的埃迪准备开车，到火车站接爸爸。天气很冷，埃迪把车窗摇下来。妈妈说："除非关上窗户，否则我们不走。"埃迪不为所动。妈妈也是。埃迪说："你发动车子，我就关上窗户。"妈妈不说话，继续干坐着。埃迪说："好吧，你把车钥匙插进去，我就关窗。"妈妈还是不动，不过隐约有点动摇。埃迪终于摇上窗户，妈妈发动车子，笑着对埃迪说：“阳光下的雪地是不是很可爱？看着像几百几千颗钻石闪闪发亮。”

妈妈没有直接下令“摇上窗户”，由此避开了权力之争。但她立刻表达了当前状况下拟采取的做法，坚定但不生气。埃迪屡屡试探她的底线，妈妈就是干坐着不妥协。埃迪最终配合后，妈妈向他微笑，并友好地将他的注意力转至别处。埃迪那么快合作，说明他被妈妈的坚定折服了。

九岁的帕特和她的朋友在做通心粉项链。妈妈抱着十个月大的兰迪进屋。“帕特，照顾下小弟弟，”她命令，“我要去接爸爸。”“哦，妈妈，他会搞得一团糟！为什么老是要我照顾他？”“够了。照我说的做。”妈妈一走，帕特瞪着兰迪。他已经开始向他感兴趣的东西爬过去，被帕特一把拉回来，递给他一只泰迪熊。兰迪扔到一边，快速爬向装通心粉的盘子。妈妈回来后发现一个哭个不停、一个叫个不停，就数落起姐姐：“才十五分钟，你就不能好好照顾你弟弟？”

妈妈的命令口吻让帕特甚是不满不愿。如果妈妈转念一想，要是朋友也这么使唤她，她肯定也不乐意。

能否赢得孩子的合作，我们说话的口气和方式很关键。很多时候孩子拒绝我们的要求，要么是时机不对，如同帕特的情况，要么是我们命令他们干的事儿，他们不喜欢甚至厌恶。这种情况下，我们自然而然提高声调，试图以强势的口吻迫使他们屈服，实际上反倒让孩子更加抗拒。

礼貌对赢得孩子的合作大有助益，我们的遣词用句不妨强调我们对孩子的尊重和理解。“对不起，打扰你了”或者“我知道你不想，可是如果你……就帮了我大忙”或者“如果你可以……我会很感谢”，诸如此类，都有助于促进和谐、消除抗拒、赢得合作。

十岁大的阿迪丝住在没有公共交通的郊区，离她最好的朋友帕特住的地方，步行不可至，冬天骑自行车也不合适。但两个小姑娘恨不得有空就腻在一起，所以总有一个孩子的妈妈每天要开车带着女儿往返。有时候难免时间冲突，让孩子失望，于是关系开始紧张起来。

所以合作势在必行。一天晚上，阿迪丝和妈妈一起洗碗，气氛还算友好，妈妈跟女儿讨论了这个问题。她解释了她的难处，也说她理解女儿看望朋友的权利，可是这么往返奔波，自己实在太劳碌。“所以你觉得有什么法子吗？”“哦，我想我们可以不用那么经常见面。”“你觉得一个礼拜几次合适，让我从帕特家来回接送你？”小姑娘想了想：“两次吧。如果帕特每周也来两次，我们就扯平了。”“没问题，”妈妈回答，“一个礼拜两次我很乐意。”“哪天合适，妈妈？”妈妈想了想：“周二晚上和周六下午我一般有空。你觉得如何？”“挺好，这样我也可以知道确切时间。”

问题以合作的方式解决了，不论妈妈还是阿迪丝都不会觉得互相被拖累，各自的权利也受到了尊重。当然，妈妈现在必须空出这两个时间点，不安排别的事情，除非跟阿迪丝事先商量。

十一岁的弗雷德刚刚没了爸爸，跟妈妈住在郊区，每周六进城上一次音乐课。弗雷德想把音乐课换到周三下午——他唯一的空闲时间——这样子周六他就可以加入一支球队。可是妈妈周三跟闺密有约会，对弗雷德的请求不是很乐意。两人由此陷入僵局，互相不满意对方。妈妈就来向我们求助。

弗雷德的请求很明确，对此我们虽然可以理解但未必赞同。可是，跟他吵架或强迫他服从无济于事，只会让他更加受挫，进一步恶化母子关系。于是我们向他建议，可以把音乐课挪到周三。弗雷德反倒犹豫了。他觉得妈妈太固执不会屈服。（让人吃惊的是，不论孩子还是父母都互相觉得对方太固执。）我们向他保证妈妈会接受建议的。弗雷德突然改口说不愿意。他不确定是否应该要求妈妈退让。“为什么？比起你周六的球队训练，你妈妈周三的闺密约会没那么重要。”“不是的，”小男孩沉思着，“不是这样。自从爸爸去世后，闺密对妈妈很重要。不让她们聚会很不好。”“那么，怎么办呢？”“不折腾了，就原来那样吧。”

弗雷德为啥突然让步？一旦他觉得自己的理由、权利受到理解和尊重，就不会觉得自己受制于人，很乐意顾全大局。如果一个人觉得自己受制于人，就会不讲道理。所以把自己的意志强加于人，不会赢得别人的合作。

其实，任何人际关系都需要合作，只是我们有时候没有意识到。父母有时候需要重塑合作。比如第二章大卫和乔治的案例，他们为了维持现状也有合作。“好”孩子大卫有意让乔治更“坏”，乔治就顺水推舟！一旦“坏”哥哥乔治表现好，“好”大卫就会很不安，觉得自己位置不保。两个男孩通力合作，让妈妈忙得团团转，不是夸奖大卫就是责骂乔治。对于这种已经确立的互动和合作关系，只要略作调整，整个局面就会改观。不过，只是告诉乔治他也可以做一个好孩子无济于事。除非悄悄激励他改变合作方式，否则乔治也不会相信自己可以变“好”。而且，就算乔治“好”了，他弟弟也会加倍努力让他变“坏”。然而，明白了这个道理后，妈妈可以调整她对兄弟俩言行举止的反应，进而调整他们俩的互动关系。首先，知道乔治自以为是“坏孩子”，妈妈可以不接受他的自我认知，也不发表任何关于“好”或“坏”的评论。每回大卫表现自己多好，妈妈只要平静认可，说一句“真棒，我很高兴你这么做”即可。每回乔治调皮捣蛋，妈妈可以抱着他说：“我明白你的想法。”说得容易——你会说。没错。为人父母哪是容易的？

AVOID GIVING UNDUE ATTENTION

第十五章 避免过度关注

一家人住在避暑别墅。爸爸在外头钓鱼，妈妈在厨房忙活。两岁大的希尔达站在门口。“妈咪！”“在。”“妈咪？”“我在，亲爱的。”“妈咪？”“我在，亲爱的。怎么啦？”“妈咪！”妈妈走过去。“到底啥事？”“遛弯去？”“等一下。”妈妈回到厨房。希尔达还在门口不走，鼻子顶着纱门。“妈咪？”“在。”希尔达又叫唤了两次，第四次的时候，妈妈又走过去。“好吧，希尔达。我们出去走走。可是我得先把晚饭做好。”妈妈抓住她的小手，下了台阶，遛了一会儿。

希尔达没有走过去找妈妈，而是让妈妈走过来找她。妈妈的回应是对希尔达不当要求的妥协。

寻求过度关注的孩子往往是不快乐的孩子。他觉得除非自己受到关注，否则一无是处、没有地位，亦即，他必须不断寻求自己很重要的确证。可是恰好因为他心存疑虑，再怎么反复确认也不能让他放心。妈妈是在意他。可是几分钟后，他又担心：“妈妈还关注我吗？我还重要吗？”由此陷入永无止境的不确定循环。多么不幸！妈妈怎么才能帮上忙？

希尔达只要心里想，总能让妈妈回应，可是这回应好比围墙，阻碍她寻找其他价值系统，因为她总可以心想事成。假如妈妈刻意保持距离，拒绝孩子的不当要求，希尔达找不到她习以为常的满足感，一开始可能不情愿，但会通过别的法子寻找归属感。不过，她可能需要帮助以找到有益的法子，否则她的行为可能更加恶劣。妈妈必须认识到这一点，并合理应对。以希尔达为例，事已至此，妈妈甘愿让女儿役使，显然是不尊重自己，也不尊重希尔达，因为她的回应验证了她不信任女儿的能力，亦即没有她鞍前马后，女儿过不下去。

妈妈可以不理睬希尔达的叫唤。女儿第一次叫唤，她可以愉快地回应，但要适度，告诉女儿她现在很忙即可。希尔达再叫，她可以不回应。两人可以一直这么玩下去！孩子可能大声哭闹，妈妈不妨如是想：我必须先把手上该干的活儿干完，希尔达可以自己过来。妈妈有干活的权利，也有训练孩子识大局的责任，而希尔达并没有随时想散步就散步的权利。为了公平起见，妈妈也没有权利随时满足她的突发奇想。希尔达必须自己弄明白守秩序和识大局的好处。每天设定亲子遛弯时间表。一旦希尔达跑过来找妈妈遛弯，妈妈可以说："现在不是遛弯的时候，希尔达。"到此为止。不管希尔达如何反应，妈妈都要坚定，继续干活。

妈妈的朋友午后过来喝咖啡。主客说得正欢，三个孩子中最小的玛丽跑进来告状，说玩伴欺负她。妈妈说："哦，可能是她今天下午心情不好吧。""为什么，妈妈？"妈妈试着回答她"为什么"。可是每回她说完，孩子又问另一个"为什么"。搞得妈妈只能让玛丽回去继续玩，因为她跟客人说不了话。玛丽出去后，很快又回来问为什么。就这样，客人来访的时间被耗尽。妈妈最后对客人无奈地说："她就是这样，每回我有客人的时候，想得到我的关注。"

妈妈很清楚玛丽的意图！还是小宝宝的玛丽觉得，所有人都应该以她为中心。对她来说，更重要的是让妈妈为她忙活、不让妈妈跟朋友聊天太投入，而不是她跟同龄人交朋友。可是妈妈似乎没有意识到女儿的行为不合适，反倒为她开脱。妈妈知道女儿在做什么，但不明白她行为背后的意味。一旦妈妈认识到女儿让她忙活的缘由——因为不是焦点所在而失落——就可以不对女儿过度关注，而是让她学会自立。

客人在场不好训练孩子。不过，第一次被打扰的时候，妈妈可以说："家里现在有客人呢。你想好好跟小朋友一起玩，还是自个儿回房间待着？"这让玛丽有所选择，也可能让她更愿意配合。

对孩子打破砂锅问到底的做法，我们一般不用太上心。有多少次，孩子真的是想解惑呢？我们对孩子认识不足：很多时候孩子故意问“为什么”，虽然明明知道答案。为了得到父母关注，他会想出一个又一个“为什么”，没完没了。此刻他的脸上什么表情？兴致盎然？他的问题是否可以成立？好好琢磨一番。很多时候孩子问的“为什么”没有意义，只是想让父母忙活。他知道父母都好为人师，就以之为手段博取关注，而不是真的为了学习！略微观察，很容易发现区别所在。如果是滚瓜烂熟的问题，或者问题不符合逻辑，或者问题的形式和内容翻来覆去，或者上一个问题还没回答又冒出新问题，我们基本上可以确定孩子在“挖坑”。我们可以会心一笑，说：“我发现这个‘为什么’的游戏很好玩，可是我现在没空。”或者就是会心一笑，一言不发。孩子不喜欢被抓现行。如果他们装无辜、使性子甚至加倍努力博取关注，不要大惊小怪。此时此刻，远离“为什么”才是明智的做法。

五岁大的约翰——家里四个孩子中的老三——算是“好”孩子。就是有一样儿不好，让妈妈焦心。每回妈妈打电话，他总要想方设法打扰她。给她看啥东西，想出去玩，想邀请小朋友来家里玩，想吃这个想吃那个，想要啥东西拿不到，或者不知道玩具放哪儿。妈妈有时候停下来回答他，有时候斥责他："让我打完电话！"这时候约翰就会欺负小妹妹，让她哭！

约翰属于中不溜的孩子，存在感不强，可是找到了让自己显得重要的妙招。妈妈照顾小妹妹的时候，他或许没有机会，可是一旦妈妈打电话，他就有办法让她分心，不理其他大人！

约翰时刻都想被人关注的想法有点不切实际。他的"好"只是为了赢得妈妈的认可，而不是为了让自己有用。妈妈必须引导他改变寻求过度关注的习惯。首先，她必须承认所谓"好"男孩实际上对自己的地位没有信心。她必须关注他，但不是无时无刻不在的过度关注。打电话的时候，妈妈可以继续说个不停，好像孩子不存在一般，哪怕电话那头一声不吭。她的朋友，事先被打过招呼，自会理解这个妈妈的疯狂举动！总之就是不能妥协。这需要非凡的毅力和决心，尤其是约翰开始欺负小妹妹的时候。别担心。小妹妹扛得住的！训练约翰学会自立，而不是依赖于别人的关注和认可，虽然费力却很值得。

无视孩子对过度关注的要求，但在他配合合作的时候一定不要冷落他，这有助于孩子重新评估他的方式方法。希尔达自个儿玩得开心，妈妈可以说："太棒了，你知道怎么照顾自己。"玛丽跟玩伴相处融洽，妈妈可以说："很高兴你玩得开心。"约翰的好表现不带任何特定目的，妈妈可以说："很开心你喜欢跟我们一起待着。"

孩子确实需要关注，但我们必须明确正当和不当需求的区别。如果情况明明不允许，我们却为孩子手忙脚乱，如果我们被惹恼或觉得难受，几乎可以明确那就是不当需求。好好琢磨一番：孩子到底要干吗？如果我们不介入，孩子可以自行解决吗？我们的回应对孩子的自我认知有何影响？有助于他学会自立，还是导致他继续做一个无助、脆弱、依赖的小孩——如同他的自我认定一样？为了帮助孩子学会如何因应现实需要而有所贡献，进而获得生活的满足感，我们必须改变他们为了关注而关注的短视做法。

第十六章
避免权力之争

SIDESTEP THE STRUGGLE FOR POWER

“把狗盆倒了。”妈妈勒令苏琳妮。“为啥是我？”“我说把狗盆倒了，小丫头。马上。”“我不明白为啥是我。”“因为我说的。”小姑娘耸耸肩，就是不听妈妈的吩咐。几个钟头后，妈妈发现狗盆还是脏的，上面爬满了蚂蚁，就把苏琳妮叫过来训话：“几个小时前我就吩咐你了。你为什么不倒？你自己瞅瞅！现在全是蚂蚁。赶紧倒了。马上！”“好啦，好啦。”苏琳妮唯唯诺诺，糊弄妈妈，等她一转身，还是不去倒。过了一会儿，妈妈发现狗盆还是没倒，忍不住动手打她，苏琳妮板着脸硬扛，就是不哭出来。“再不去倒，晚上你早早就要上床睡觉，而且没有电视看。不仅如此，我还要好好修理你一顿。乖一点儿。去倒了！”“知道了，我会倒的。”苏琳妮装模作样，在妈妈转身离开的时候，弯腰拿起狗盆。那天晚上，妈妈发现狗盆没倒，还是脏的。

苏琳妮和妈妈陷入权力之争。妈妈想让苏琳妮识相，苏琳妮却想让妈妈知道谁是老大！

权力之争的迹象如今越发明显。绝望的父母把越来越多痴迷权力的孩子带到指导中心和咨询师办公室。为什么？怎么回事？如今的孩子对父母真是胆大包天，过去我们连想都不敢想。为什么会这样？

方兴未艾的社会风气难辞其咎。孩子感受到这个时代的民主气息，痛恨我们对他们的专制企图，并以报复的方式表达出来。他们抵制我们的打压，并展示他们的力量。父母申明权力而孩子不惮宣战的恶性循环甚嚣尘上。他们绝不会被支配或胁迫。任何压制他们的企图终归失败。孩子对权力之争的精明超乎我们想象。任何事关“体面”的社会影响或他们行为的危险后果，都不会妨碍他们。家庭变成战场。毫无合作或和谐可言。相反，只有愤怒和狂暴。

妈妈成功地让十二岁大的帕蒂答应，放学回家后马上清洗饭盒和保温瓶。一开始那几天波澜不惊。然后有一天，帕蒂忘了清洗。妈妈发现饭盒里有饭屑、保温瓶的牛奶馊了之后很生气。一通斥责和说教。帕蒂答应下回长记性。几天后，帕蒂又忘了这事儿。这回，妈妈突然想到逻辑后果的方法。于是，她装作视而不见，但其实内心愤怒，只好安慰自己：“回头有她好看！”第二天早上，她用纸袋打包午饭，买牛奶的钱搁在桌上。帕蒂明白是怎么回事。饭盒被妈妈扔到厨台后头。“我就是不洗。”她心里愤愤不平。于是，发霉的饭粒和馊牛奶就这么在厨台上搁着。帕蒂继续用纸袋带午饭。日子一天天过去，妈妈越来越抓狂，最后将可怕的怒火发泄在女儿身上。帕蒂横眉冷对，就是不洗。实在没招，绝望的妈妈把她推到厨房，拉着她一顿暴打，直到女儿把饭盒和保温瓶洗了。“记住了吗？”妈妈大声尖叫。“记住了，妈妈。”帕蒂保证。可是第二天，她又忘了。绝望透顶的妈妈决定放弃。“继续用你的纸袋吧。”“我没有什么不可以。现在谁还用饭盒带午饭啊。”

帕蒂忘了清洗、妈妈很生气的那天，母女俩的权力之争其实已经发生了。不肯善罢甘休的妈妈还想着“迫使”帕蒂就范。逻辑后果则被她用作惩罚的手段——“回头有她好看”，与报复没有两样。帕蒂感受到妈妈的愤怒，虽然她装作若无其事。妈妈并未真正领会逻辑后果的意思。她用纸袋装午饭、给帕蒂牛奶钱，这些都不是真正的逻辑后果：尽管女儿不愿意合作，她还在为女儿想辙。真正符合逻辑的后果是，她仍旧准备午饭，但是没有干净的饭盒装，就把午饭搁在厨台上。接下来就看帕蒂了。

帕蒂执意向妈妈表明，谁也不能强迫她洗饭盒，甚至到了宁死不屈的地步。不借助强力的话，妈妈如何化解这个难题？

妈妈必须彻底忘掉饭盒。那是帕蒂的事儿。既然她不洗，那就没有饭盒可用。妈妈只能决定自己可以做什么。首先，厨房绝对不能有发霉的饭渣和馊牛奶。某种意义上，那是妈妈不“法”的报复。其次，拉着帕蒂一顿暴打，“直到她洗了”，则是以强力胁迫，仍是权力之争的延续，所以尽管帕蒂答应了，第二天还是没洗。被帕蒂蔑视的妈妈更加火冒三丈，觉得自己的威权受到了挑战，想让帕蒂明白她不会善罢甘休。如果妈妈试着去发现帕蒂为何如此固执，进而改变策略，不至于造成母女对抗的局面，该有多好！就此案例而言，帕蒂不喜欢带饭盒，因为她的初中同学甚少有人带饭盒。那么为什么她一开始不说明这个情况呢？因为她想以之为理由，让妈妈卷入权力之争。最后她赢了，妈妈缴械。好好跟帕蒂聊聊天，妈妈可能就会发现女儿对饭盒的感受，然后就可以避免与女儿漫长、难受的较劲。“我发现你今天又没洗饭盒，帕蒂。那我不得不认为，你不想用饭盒带午饭。你是不是更喜欢让我用纸袋装饭，而且给你牛奶钱？”只消这么一说，即可化解母女的权力之争。

任何时候，我们“命令”或“强迫”孩子干什么，就是在挑起权力之争。但这并不是说我们不能引导或影响孩子表现得体，而是说我们必须放弃那些过时、无益的态度和方法，另辟蹊径。

五岁大的吉米很让妈妈抓狂。妈妈总是这么说他，还当着他的面在别人面前这么说他。母子俩总是为这个或那个鸡毛蒜皮打架，但吉米满不在乎。一旦妈妈实在没辙，揍他屁股，最多也只能让他暂时收敛，甚或徒劳无功。比如今天，吉米大便又不规律，虽然妈妈训练了他好几年。吃过早饭，她就让吉米上厕所，但他回来说拉不出来。妈妈就让他出去玩，自己继续忙活。中午时分，妈妈把衣服收入衣柜的时候，闻到一股恶臭。她找来找去，发现吉米把大便拉到爸爸的帽子里！她立刻冲出去，把吉米带回家，拿着帽子质问他，而且用力抽他。吉米立刻吓得尿裤子，妈妈以为那是他挨打的缘故。可是之后一整天，吉米一直尿裤子，晚上还尿床。

从婴儿起，妈妈就担心吉米的大便问题。她的指示是："我让你拉，你就拉。"吉米的反应是："我想啥时候拉就拉，在哪儿拉就拉。"小男孩很早就屡试不爽，一次次挫败过于强势的妈妈。于是，吉米和妈妈的日常生活就是永不休止的权力之争。除非妈妈弄明白问题的根源何在，她又能做点什么，否则不容易扭转母子关系。

很多父母对如厕训练的过度关注可谓自寻烦恼。正常关注和过度关注的区别在于我们的态度。如果我们"坚持"让孩子正常排便，势必惹来抗拒。希望并且鼓励孩子正常排便，这才是合作。如果经过为时不短的训练后，孩子似乎以如厕训练为手段，博取我们的过度关注，或者反抗我们的压力，父母就要适时抽身而退，不再为此焦虑，亦即，顺其自然。否则，通常就会陷入权力之争。我们可以先从其他情境——容易守秩序又不会打架的情境——入手解决。比如排便和排尿，妈妈可以任由孩子躺在尿湿的床上，或是让他自己换床单，如果他觉得不舒服的话。要是孩子早过了穿纸尿裤的年纪——以妈妈的判断为准，可以让他改穿训练裤，继续尿湿不要紧。当然，孩子不可以尿湿客厅的地毯或家具。除非他准备好，可以正常如厕了，否则必须多待在不怕尿湿的地方。本着“这是你的问题，等你准备好了自然可以解决，但你也不能乱来”的态度，装作漫不经心的样子，以此应对。一旦赢得过度关注或权力之争的满足感消退，孩子也不会选择自讨苦吃。

读到这里，很多读者可能有困惑。总有某些时刻，比如人命关天，我们除了使用强力别无选择。坚持己见的时候，我们也会利用压力；或是在某些场合，必须借助蛮力维持秩序。

五岁半的彼得因为重感冒不能上幼儿园。一天下午天放晴，雪也开始融化，彼得想出去玩。“不行，儿子。你的咳嗽还很厉害。”小男孩闷闷不乐地噘着嘴。没过多久，妈妈听到门砰的一声撞上了。彼得穿着雪地装和雪地靴，自己溜出去玩了。妈妈追出去，揪住他的手，让他回屋去。彼得不愿意，妈妈就强行把他抱回家。“对不起，彼得。今天你不能出去玩。”小男孩生气大哭。妈妈强行脱掉他的雪地装，因为在家里头穿着太热。彼得使性子，又向门口冲。妈妈默默但坚定地堵住门，不说话，也不阻止彼得发脾气。由于尖叫和使劲，彼得开始剧烈咳嗽。妈妈还是堵着门一言不发。彼得终于爆发了：“我恨你，我恨你，我恨你！”然后冲回房间，扑到床上。妈妈继续忙活，让彼得尽情发泄。

在未经训练的旁观者看来，这好像是权力之争。彼得想出门，被妈妈强力阻止。可是，妈妈并没有卷入权力之争，只是因应现实需要维持秩序。如何分辨此间区别？关键在于妈妈的态度。妈妈有责任坚持己见和维持秩序。她做到了，而且不带一丝愤怒、挫败或专横的感觉。就此案例而言，秩序就是为了健康守规矩。彼得和妈妈不是权力之争，因为这事儿跟妈妈没有利害关系。这一点很重要。判断某个情境是不是权力之争，我们可以自问：“这事儿对我有啥好处？”

很多父母自欺欺人，以为他们做什么都是为孩子。算了吧。果真如此？难道不是为我们自己的面子？难道不是为我们自己着想？一旦孩子服从，我们是不是很有满足感？难道我们不是恨不得全世界都知道，自家的孩子听话顺从？难道我们不想成为出了名的“好”父母，成功的父母？难道我们不想凡事占上风？

是否卷入权力之争的另一个判断方法是看结果。孩子经过我们的“训练”后，是否依然一如既往？是否还在抗拒？我们生不生气？抱不抱怨？

第三个判断方法是说话的口气。这个最明显不过。听起来我们是专横、愤怒、坚定还是苛求？坚定的表达方式通常是平静的，而权力之争易被口角或舌战激化。彼得由于要求得不到满足而使性子。妈妈对他说的“我恨你”毫不在意，因为她明白这只是片刻的激愤之语。秩序既已得到维护，被孩子骂几句不要紧。剩下的彼得可以自己应付。一旦妈妈卷入权力之争，随后的一连串反应她不可能置身事外，必会深度卷入。

妈妈把车停在医生办公室外头。两岁大的吉恩不想下车。妈妈求他。吉恩还是拒绝。“吉恩，我跟医生预约的时间到了。乖一点儿，做个好孩子。”吉恩就是赖着不下车。妈妈回头问朋友：“你说怎么办？”

妈妈可以坚定、平静地把他抱出来！为了维护秩序和顺应当前所需，妈妈势必如此，但不需要为这个生气。如果妈妈冷静、镇定，就不会引发权力之争。

为了完全理解权力之争以及学习应对之术，我们必须重新评估自己的父母身份，清醒地认识到我们的领导者角色，彻底抛弃独断专行的理念。我们对孩子毫无威权可言。他们知道这一点，虽然我们自己可能没有意识到。我们不能命令或强迫孩子，而是要学习如何引导和激励。如下表显示出新旧育儿理念的差异，为了家庭和睦、孩子合作，对新理念的认同不可或缺。

一旦下表中右列的新育儿理念或多或少成为我们的第二天性，我们就不容易卷入权力之争。如果我们专注于当前所需，而不是“让孩子在意我”，就有可能促进孩子合作。如果我们决心“强迫”孩子干什么，他们就会觉察，进而反抗：可能像苏琳妮那样被动抵制，不倒不洗狗盆；也可能像吉米那样主动报复，在爸爸的帽子里拉大便。

专制社会	民主社会
掌权者	领导者
强力	影响
压力	激励
命令	合作
惩罚	逻辑后果
奖赏	鼓励
强制	自决
支配	指引
乖乖听话，少出声	倾听！尊重孩子
照我说的做	现实的需要
威权导向	情境导向
个人涉入	客观超然

孩子逆反对我们的威权打击最大，也是我们最有可能提升之处。如果以现实的需要为最大关切，我们就不会在意孩子对我们自尊的伤害。

很多之前讨论过的规则皆可适用于权力之争。首先，关键是坚定——我该干吗，而不是我想让孩子干吗。其次，作为领导者的父母必须认清当前所需，并一起努力实现，而不是为了满足自己的偏好。理解、鼓励、逻辑后果、互相尊重、尊重秩序、规律作息、赢得合作，都是化解权力之争的有效手段。当然，一旦权力之争逐步激化，逻辑后果一般用不上。哪怕最精心建构的后果也容易沦为惩罚，被父母当作利器滥用。

总之，权力之争对父母来说最关键的是，认清自己扮演的角色，而这并不容易。我们必须时刻警醒，否则就会无意识地卷入。“孩子不听话。我不能强迫也不能阻止他们。这本书论及的招数我尽可使用，就是不能迫使、只能赢得孩子的合作。好行为源自激励，而非强制。不过，我尽可运用我的才智、技巧甚至幽默，促使孩子自愿合作。”相比强力胁迫，父母如此行事，空间肯定更大，而且这些技巧的发展又能发挥我们先天的创造力。有规则就有例外。关键是我们必须认识到如下事实：强力不可恃，合作方可为。

第十七章
退出冲突

WITHDRAW FROM THE CONFLICT

任何不愉快总有两个当事方，比如父母和孩子。不安是双方冲突导致的结果。如果一方退出，另一方就唱不了戏。一旦父母及时退出战场，留给孩子的只有虚空。他将没有观众也没有对手——不用击败谁，也不用服从谁。就像俗话说的，“无帆不起风”[①]。

每天晚上七点半，为了睡觉的战斗就会准时打响。四岁大的哈里很擅长延长战斗。“快，哈里，该睡觉了。”妈妈轻声说。“不要，妈妈，我不困。”“可是睡觉时间到了。”妈妈说。“一会儿，等我给这幅画上好色。”小男孩争辩。“现在就去睡觉，”妈妈厉声说，“你尽可以明天再上色。”妈妈开始收拾东西，哈里一边叫唤，一边用臂弯护住蜡笔，不让妈妈收走。妈妈犹豫了一下，不想动手揍他，无奈妥协。“那好吧，赶紧弄完。”哈里埋头上色，嘴角露出一丝笑意。妈妈坐在床边等。可是孩子的蜡笔越来越慢，妈妈越来越不耐烦。“别磨蹭。快点，赶紧弄

---

① 此处正常的英语习语应该是“take the wind out of sails”（无风不起帆），意思是“先发制人，抢占上风”。作者故意说成“take the sails out of wind”，姑且译成“无帆不起风”。作者认为，这个表达比惯用习语更准确，因为谁都不能阻止小孩子发脾气，亦即他的“风”不可控。可是一旦没有帆——亦即避免冲突，他的风就刮不起来，就算刮起来也徒劳无益！——译注

完。”“还不是为了好看，所以我必须很小心。”小男孩有点得意扬扬。等得很不耐烦的妈妈说，要把那些用不着的蜡笔先收起来。哈里不愿意。妈妈坚持如此，哈里才很不情愿地让妈妈收回一些蜡笔，但有的不让收，有的假装丢了，以此逗弄妈妈。好不容易收拾好，哈里又想到更多晚睡的招数。在浴缸里磨蹭，在床上打滚，要水喝。妈妈后来硬是把他塞进被子，回到客厅。几分钟后哈里爬起来上厕所，又跟妈妈要晚安吻。九点了哈里还很精神。妈妈实在受不了，揍了他一顿。哈里号啕大哭。爸爸跑过来指责妈妈："实在搞不懂你们每天晚上闹什么闹。哈里！别哭了。赶紧给我到床上待着！"家里这才安静下来。

哈里要的就是权力。他竭尽所能，让妈妈卷入纷争。而妈妈起初强势后来认㞞的做法，无疑强化了哈里对自身能耐的信心。哈里本该到点睡觉，但妈妈不知道如何引导。

解决问题的办法不是没有。第一个是退出冲突，至于怎么做，爸爸妈妈或许可以事先达成一致。如下是可能出现的情形。

午后亲子时光，妈妈跟哈里说："八点必须睡觉。到时我会告诉你什么时候洗澡。八点我和爸爸准时跟你道晚安。之后你干吗我们不管。”七点半，妈妈开始给哈里放洗澡水，叫他洗澡。“我想再玩一会儿。”小男孩抗拒。“可是洗澡水准备好了，亲爱的。”妈妈说完就回了客厅。八点，爸爸妈妈进入哈里的房间。哈里还在玩。“晚安，我的大男孩，”爸爸抱了抱哈里，“明天见。”“晚安，亲爱的，做个好梦。”妈妈亲了亲他。然后他们回到客厅，打开电视。“可是我还没洗澡！”哈里叫着跑到客厅。爸爸妈妈不搭理他，好像他已经睡着了一样。哈里爬到妈妈腿上。“我想洗澡，妈妈。”哈里贴着妈妈的脸撒娇。“乔治，我们做点爆米花吧。”（这一招可以摆脱腿上的孩子。）妈妈站起来，让哈里从她身上滑下来。哈里想方设法——尖叫、跺脚、倒插葱、抱住爸爸妈妈大腿——让父母关注他，但无一奏效。最后只得灰溜溜地回屋，脱衣服睡觉。一会儿又出来说睡衣没穿好。爸爸妈妈专心看电视，好像他已在床上呼呼大睡了。大约九点半，哈里自个儿摸上床，睡衣没扣好，哭着哭着便睡着了。

爸爸妈妈足够坚定。道过晚安之后，不该管的事儿绝对不管。他们从战场上抽身而退，只留下哈里一个人。哈里虽然使出浑身解数，想让他们就睡觉的事儿卷入纷争，但爸爸妈妈立场坚定，就是不上当。哈里受到的新训练将从根本上改变孩子与父母、孩子与秩序的关系。第二天晚上，哈里可能会自己乖乖去洗澡，爸爸妈妈可以多出来半个小时的悠闲时光。八点，爸爸妈妈帮哈里盖好被子，道过晚安，就可以离开了。如果几分钟后小男孩又跑去上厕所，要水喝，或要晚安吻，爸爸妈妈可以再度装作他已经睡着了。哈里可能就会自己去睡觉。用不着一个星期，哈里准会养成八点准时上床睡觉的习惯。

让四岁小孩乖乖上床睡觉，另一个避免权力之争的方法是，到点了，坚定但默默地——没错，不用说话！——把孩子拉走，给他脱衣服，洗澡。之后，如果他调皮捣蛋，不用搭理他——哪怕最后被逼得进屋锁门。

妈妈做饭的时候，三岁半的莎拉跑进厨房。“我想喝水，妈咪。”她哼哼唧唧。“别哼哼唧唧，莎拉。好好说话，否则你啥也别想。”“可是我想喝水。”孩子哼得更厉害。“我真的受不了，别再哼哼唧唧！”莎拉抱住妈妈大腿，小脸还埋在腿上，抽噎起来。“下次能不能好好说话？”“请问我可以喝水吗？”莎拉还是哼哼唧唧。“哦，我的天。给！”妈妈去拿水。

据说孩子都要经历哼哼唧唧的阶段。我们收到的建议通常是要有耐心，随着孩子长大，这个阶段总会过去。不过，我们未必非受这个苦不可。莎拉其实是在展示她想干吗就干吗的权利，尽管妈妈多次勒令她“别再哼哼唧唧”，但莎拉依旧如此，妈妈最后不得不妥协。

其实不是没有办法。我们可以断然拒绝哼哼唧唧的请求，无须多说话，只要离开就好！如果愣着不动，无异于活靶子，最后势必妥协。妈妈必须花时间训练莎拉。比如，她可以假装关掉煤气，上洗手间！

我们称之为“洗手间技巧”。一般而言，洗手间是家里最私密的地方，作为撤退之处再理想不过。我们甚至可以在洗手间摆一个架子放书报杂志，放一台可以屏蔽噪声的收音机，以备不时之需。每次莎拉哼哼唧唧，妈妈就去洗手间躲着。不用说话，毫无必要。莎拉很快就会好好说话。

妈妈听到厨房有动静，跑去查看，发现四岁大的拉里爬上厨台，伸手拿厨柜顶层的糖果罐。“你这会儿不能吃糖，拉里。马上吃午饭了。”妈妈把儿子抱下来。“我就想现在吃糖！”他大声叫唤。“不可以，拉里。马上开饭了。”“糖果！”小男孩尖叫起来。“拉里，乖乖的。”孩子扑倒在地，又踢又叫。“你是不是想挨揍？”妈妈也怒了，“别闹！”“我恨你，我恨你！”“拉里！闭嘴！”小男孩的脾气越来越大。“好啦好啦，拉里，给你一块，求求你别叫了。”拉里渐渐平静下来，接过妈妈递过来的糖果。

妈妈首先拒绝，但后来还是不得不对拉里妥协。拉里赢得了权力之争，对自己的能耐也越发信赖。其实妈妈只要离开现场，拉里连发脾气的地方都没有。拉里第一次大声叫唤的时候，妈妈就可以带着糖果罐上洗手间。就让拉里对着虚空尽情发脾气吧。没有观众在场，任何脾气都没有意义。

一天下午，爸爸妈妈和五岁大的艾伦到朋友家做客。他很喜欢看朋友的儿子查基随意发脾气。吃到一半的时候，艾伦起身上洗手间。可是这家人有个规矩，一旦中途没吃完饭离席，就不能再回到餐桌。艾伦离开后，妈妈赶紧把这规矩告诉爸爸。爸爸表示理解。妈妈就撤了艾伦的盘子。艾伦回来后，发现盘子不见了，就扑倒在地，惟妙惟肖地模仿查基发脾气。妈妈和爸爸继续吃饭，仿佛艾伦不存在一样。很快他们就听到艾伦喃喃自语：“哦，有啥用呢？反正他们不在乎！”妈妈乐得哧哧笑。

十个月大的艾莉森在地上爬，妈妈在熨衣服。熨好衣服，妈妈把宝宝放进游戏围栏。艾莉森不乐意，放声大哭。妈妈试图转移她的注意力，但艾莉森一个后仰，弓着背，哭得歇斯底里。妈妈索性上洗手间。十分钟后回来，发现艾莉森正心满意足地玩球球。

哪怕十个月大的婴儿也想我行我素。妈妈在训练艾莉森服从秩序。她尊重艾莉森发脾气的决定，并把战场留给她，但拒绝过度关注或讨好她。

撤离冲突现场的决定令人钦佩，但这绝不意味着不管孩子。亲情和感情还在。冲突发生之后的撤离反倒更有益于亲子关系。尤其是孩子无理取闹的时候，我们往往感受不到亲情，就想打人。双方的敌意对亲子关系伤害极大。一旦我们深谙立刻撤退的妙处，就会发现孩子的反应很有改进。因为他们急需归属感，而一个空荡荡的战场让他们仓皇失措。很快他们就会修正行为，避免无谓的发脾气使性子。一旦家里对此习以为常，孩子很快就会知道边界所在。只要他们一越界，父母就撤退，孩子立马就会放弃冲突，表现出合作的欲望。训练孩子学会合作是我们的目标之一，而这就是一个好招数。

招数虽好，但是不是合适，可能有点令人费解。乍看起来，好像我们任由孩子“得逞”。然而，仔细考察孩子的动机，我们发现在大多数冲突情境里，孩子的目的是博取我们的过度关注或使得我们卷入权力之争。如果我们任由自己卷入，恰好中了他们的诡计，强化了他们的不当目标。

因而，我们的训练必须针对问题的实质而非表象。口头上“矫正”孩子的坏行为无异于耳边风，对孩子好行为的训练，必须从引导他转变态度入手。如果他发现我行我素只会给他带来一个空荡荡的战场，很快就会改变方向，最终发现合作的好处最大。一旦不能我行我素，他就会考量现实所需，由此学会尊重现实和父母——现存社会秩序的代表。

在家里完成退出冲突的训练后，公共场合的冲突处理起来也会更加容易。我们可以培养一种“退回洗手间”的有效心理。孩子都很敏感，可以感受到父母退出战场、不涉入的态度。其效用从上文第七章莎伦的案例可见一斑。莎伦使性子的时候，妈妈默默朝前走，莎伦立刻不闹了，赶紧追上去，妈妈也立刻接纳她，不带一丝责备。母女俩开开心心地回家。不过，孩子在公共场合行为不端，对父母的挑战更大一些。因为这显得我们似乎不能胜任父母的角色，从而觉得羞愧丢脸。不过，孩子在公共场合的表现，其实与他们在家里受到的训练如出一辙。如果他们在家里“无法无天”，在公共场合更会如此，而这是我们罪有应得，因为孩子明白我们在公共场合更脆弱。不过，前述“退回洗手间”的心理招数仍然有效，甚至可以不用理睬那些旁观者。如前文所述，只要我们关心当前情境所需，而非个人脸面，就掌握了解决问题的钥匙。

第十八章

行动！而不是空话 ACTION! NOT WORDS

“上桌前先洗手，跟你们说过多少次了？现在赶紧的，你们仨。没洗手不要回来！”三把椅子往后剐蹭，三个小朋友离开餐桌，妈妈继续喂一岁的小宝宝。

跟你们说过多少次了？不知道多少父母恼怒地说过多少次。但是除了表达恼怒，这句话没有任何用处。我们对“多少次”的追问表明，“说过”没有达到教导的目的。孩子很擅长学习。通常只要“说一次”就能让孩子明白，他们当前的行为不被允许。此后，该行为的反复发生即属故意越轨。

那么，为什么三个小朋友老是不洗手就上桌呢？其后的隐藏意图是什么？结果如何？妈妈又做了什么？因为突然发现三双小脏手，她过于激动，可是这么一来，三个小朋友却得到了她的关注——违抗规则被妈妈训斥。这就是他们的目的，妈妈的反应正中他们下怀。乖乖听话上桌前洗手才傻呢！这样妈妈不会为他们忙得团团转。

如果妈妈真想改变孩子的行为，必须有所行动，而不是无益的反复说教。出于对孩子的尊重，她不能强迫他们洗手，但她可以决定自己要干什么。“我不跟小手脏兮兮的孩子一桌吃饭。”然后妈妈可以撤掉餐盘，不给手脏的孩子分发食物。如果第二次妈妈发现他们还是没洗手，可以一句话不用说，直接撤掉盘子。于是局面全然不同。孩子发现妈妈不上套，手再脏又有何用？

透过厨房窗户，妈妈瞅见八岁大的布莱恩，四个孩子的老大，拿着BB枪（气弹枪）瞄准邻居家的窗玻璃。“布莱恩，回来，亲爱的。我有话跟你说。”小男孩垂下枪，慢悠悠地往回走，妈妈扶着纱门等他。之后，妈妈把布莱恩领到书房，让他坐在脚凳上，自己坐在椅子上。“记得吗？亲爱的，你拿到BB枪的时候，我们就告诉你注意危险，还在游戏室给你弄了一条射击通道，不让你的BB枪伤到别人或打碎东西。对不对？”布莱恩瞪大眼睛，一脸无辜地望着妈妈，似乎对这次小会谈很有兴致，但是不作声。“你也知道BB枪可能会打破沃德夫人家的窗户，对不对？”小男孩耸起眉毛。“你瞧，亲爱的，BB枪的子弹虽然小，力度还是很大的。只要角度正确，轻易就可打破窗玻璃。你也不想这样，对不对？”布莱恩垂下眼睛。“你也知道，宝贝，一旦打碎人家的玻璃，我们就要赔偿。你不想这样，对不对？”布莱恩还是认真地仰视妈妈，依然一言不发。“你要不要拿着枪下楼去，在专门的射击通道玩呢？”小男孩歪着脑袋，拖着脚说：“我想去外头玩。”“好的，儿子。可是不要带枪出去，好吗？”“好的。”布莱恩耸耸肩。

几天后，妈妈发现布莱恩近距离射击瓶瓶罐罐，又把他叫进来开会。妈妈老调重弹，提醒他小心玩枪，尤其是防范跳弹。布莱恩又装作一脸认真的样子。谈完话，他把枪留在书房，跑到外头玩别的。

妈妈秉持“和孩子讲道理”的理念，认为自己不应该惩罚或“镇压”布莱恩，于是一番苦口婆心。很多父母也是如此，说起来没完没了。可是孩子的行为背后自有其动机，而且他们压根不想改变行为，很快就会厌倦说教，并对其完全免疫，所谓“对妈妈装聋作哑”。再往后，不仅对父母，对任何试图以言语引导他们的人，他们都会装聋作哑。父母和老师知道很多孩子把他们的话当耳边风。可是他们仍然乐此不疲，甚至更加起劲地说教！

言语是交流的方式之一。但是在冲突情境里，言语成为武器，孩子不愿意倾听。不论你说啥，他都听不进去，就像彻头彻尾的聋子。不仅如此，你的话可能还会被他抓住“把柄”，对你反唇相讥。一场舌战迫在眉睫。就算他不回嘴，心里也是百般不乐意，并以行动——一意孤行或调皮捣蛋最为常见——反抗。

布莱恩假装听话，因为这符合他的意图，其实他一个字也听不进去，更别说执行妈妈给他的指示。为了继续我行我素、一意孤行，假装听话只是很小的代价。要是妈妈认真观察或分析其面部表情，就会发现布莱恩其实在嘲弄她。

如果讲道理没用，也不想靠惩罚，那该怎么办？妈妈可以行动起来：直接拿走布莱恩的BB枪。“很遗憾你不守规矩。等你准备好了再说吧。”一两次之后，如果布莱恩依然如此，那就没收他的枪，不用多说一句废话。

上述案例最后以悲剧收场。布莱恩继续随心所欲地玩BB枪。一天近距离射击一个瓶子，子弹反弹，毁了他的一只眼睛。

“珍妮特，把你的睡衣裤拉上去一点儿。你这样子走路，总有一天会踩到裤脚摔倒的。现在上楼睡觉去吧。”妈妈又回头跟客人解释，“我昨天打折新买的睡衣。现在对她有点大，可是你知道，孩子就是喜新厌旧，非穿不可。本来我打算明年才给她穿的。”所有人都瞅着站在楼梯上、快活地对着大家笑的珍妮特。她低头看自己的小脚丫——被过长的裤脚遮住了，试着晃来晃去。裤脚欢快地跳了起来。珍妮特露出快活调皮的笑容，又抬头打量那一小撮大人。妈妈又命令她：“珍妮特，把裤脚挽起来，别摔倒了。赶紧上楼睡觉。”小女孩慢慢转身，啪的先把一个裤脚甩到楼梯上，另一只脚再迈上去，然后又转过身来，俯视底下的大人。妈妈回头看她，她就站了一会儿，听大人讲话。然后坐下来，伸出两条小腿，晃来晃去。瞅见客人微笑的眼神，妈妈又回头吩咐：“珍妮特！你想摔下来吗？把裤脚挽起来，上楼去。卡尔，把珍妮特带走。”珍妮特转身，手忙脚乱地爬上楼梯，完全顾不得甩来甩去的裤脚，赶在爸爸出现之前爬到了楼梯顶。

多少次，我们看到孩子身边有危险；多少次，我们提醒孩子注意危险！如果他们真的听进去，哪有胆量一意孤行！妈妈说话太多，言语和恐惧被她当作威胁的武器。

珍妮特很知道如何控制裤脚。但是为了显示对危险浑然不觉，她的一举一动太过刻意。不论睡衣还是妈妈，显然都在她的控制之下。她很满意妈妈对她如此关切。但她抓住自己该睡觉这个机会，转移了妈妈的注意力，让她顾不上跟朋友聊天。对珍妮特来说，这是她的本事，让妈妈关注她。挑战越大，胜利的喜悦就越强烈，而妈妈的回应恰好如她所愿。

很多时候，父母啥也不用干，只要闭嘴。初次这么尝试的父母可能觉得很有难度，他们似乎受到了可怕的压力，非要做点什么不可。其实不用费什么工夫，他们就会发现，沉默不仅可以缓解紧张态势，而且往往有助于家庭和睦。可是，有的妈妈虽然嘴巴闭上了，心里还在大声嚷嚷！

对珍妮特，妈妈完全不用跟她唠叨睡衣裤的事儿。她应该做的是，让孩子自己选择，要么自己上床睡觉，要么被人带上去睡觉。

五岁大的特里躲在星期日学校的课堂角落哭泣。妈妈又求又哄，让他别哭。"再哭，我就把你留下来，自己走了。"小男孩哭得更大声。"我真的要走了。"特里大声尖叫，跟在妈妈后头缓缓向门口移动。她假装溜出房门，但又马上出现在门口，特里的哭声更加惊天动地。"不要哭了，特里，你必须留在教室里。"老师介入。"某某夫人，你离开就是了，特里没事儿的。""我怕他自行离开教堂。刚才出门的时候他就很不乐意。""我相信特里会加入我们的，等他准备好了。我们很高兴特里跟我们一起。特里，记住，我们是朋友。"妈妈离开后，特里不哭了，但还是躲在角落里。老师继续上课。很快，特里加入了。

面对尖叫、哭闹的孩子，妈妈束手无策，试图通过话语、更多的话语甚至威胁——其实她压根不想实行的威胁，强迫他服从。相比抛开压力，她选择“迫使”他别哭。可是她不明白，哭泣往往连“水力”都不是。

五岁大的乔治翻过超市的购物车，越过围栏，坐在十字转门上。“下来，乔治，你会摔伤的。”小男孩不理睬，用膝关节倒挂在围栏上。“乔治，赶紧下来，别摔了。”妈妈拉了一辆购物车出来。乔治一个旋转，顽皮地坐在十字转门上，不让一个女士经过。妈妈大叫：“乔治，赶紧下来，别挡道！”乔治爬下来，但又爬上购物车。“乔治，跟我来！”妈妈沿着过道走去，不管他。乔治继续在围栏和十字转门上玩，直到妈妈买完东西回来，跟他说要走了。

很多时候，父母觉得，言语本身具有惩罚的效力。如果孩子未能回应，父母往往战略撤退，让孩子成为不受约束、未经教育的赢家，而这对训练孩子如何合作毫无教益。父母虽然隐约有所察觉，可是下回一出状况，还是加倍努力“说教”，“跟孩子讲道理”，结果依旧。

为了脱离困境，我们必须学会以行动代替言语，信奉“凡有冲突，光练不说”的座右铭。

乔治把妈妈的话当耳边风。妈妈本该光练不说。反之，她希望通过威胁，赢得孩子的合作。乔治啥不知道？他很清楚自己的身体能力，以及几乎可以忽略不计的风险。那么多熊孩子在超市的围栏和十字转门爬上爬下，就没见过几个受伤的。

可是妈妈发现自己说话不管用之后，索性一撤了之，乔治作为赢家更加肆无忌惮。临走前还不忘告诉乔治，以免他落单。显然，相比妈妈对乔治行为的调教，乔治更会训练妈妈，以让自己为所欲为。

孩子在超市行为不端的情景如今日益普遍。可是，超市并非游乐场。孩子受到合适训练后，可以明白二者的区别，从而遵守相应的行为规范。

进入超市前，妈妈可以如是说："乔治，超市不是游乐场。你可以沿着过道跟我慢慢购物，帮我拿东西。"乔治一爬上购物车，妈妈可以立刻带他离开超市，回到车上。"很遗憾你在超市的表现。你就在车上等我吧。"

妈妈行为坚定，可以让乔治明白她不是在说笑。下次购物妈妈可以选择不带他，让他自己决定能否好好表现。她必须抵制以言语作为威胁的诱惑——"如果你调皮捣蛋，就得在车上待着。你不想这样，对不对？那就乖乖的，好不好？"他会乖才怪。

只有两类行为不会表露——进而不会增强——敌意，一个是运用自然后果，如果不可行，那就撤离冲突现场。

四岁大的约翰尼在院子里妈妈刚栽种的苗圃上跑来跑去。“约翰尼，别糟蹋我的苗圃！”孩子似乎压根没听见，继续撒开腿跑。“约翰尼！离我的苗圃远一点儿。都被你毁了！”他不理睬，继续践踏。妈妈又喊了他四次。他还是继续跑，直到自己跑累了，才笑嘻嘻在灌木丛下找了个暗处躲起来。妈妈扫了他一眼，回去继续忙活。

几天后，约翰尼跑去糟蹋邻居家新种的苗圃。他的行为明显是成心的，因为他每跑几步就狠狠踩踏新铺的松土。邻居把他揪到栅栏围住的院子门口。“瞅见没，小伙子。这个院子不欢迎你。离我们远点！”邻居抬头一看，发现约翰尼的妈妈走过来，知道她听见这番话了。“他伤到啥东西了吗？”妈妈问。“当然，”邻居太太生气地回答，“他年纪还小，不懂得避开花圃，我不想他跑到我们院子里，不论现在还是将来。”“哦，对不起！”妈妈没好气地说。邻居继续补刀：“他不怕我，更不怕你。最好别让他来了。”约翰尼忍不住抽噎起来。“可怜的宝贝。”妈妈把他抱起来。孩子趴在她肩头啜泣，母子俩回到自家小院，妈妈一边安慰他，一边数落“又老又坏的女邻居”。

约翰尼属于迷途小男孩，觉得除非自己可以我行我素，否则没有地位。他的行为堪比“小暴君”：爱干吗就干吗，没人可以阻拦他——至少光靠说话不行！他不停践踏妈妈的花圃，压根不理睬说个不停的妈妈，直到自己累了为止，也把妈妈气得够呛。妈妈光说不练，约翰尼继续我行我素。

反倒是邻居老太太更有作为，把他带离院子。当然，说到约翰尼年纪很小行为很坏又不听话的时候，她既向约翰尼也向约翰尼的妈妈表达了不满。于是，约翰尼的妈妈觉得儿子受到攻击，立刻对他深表同情，这当然不合适。既然她的儿子调皮捣蛋到触犯众怒和敌意的程度，就应该让他体会到别人对他恶劣行为的嫌弃，而不是打开护盾，不明智地同情他。妈妈为儿子难过，其实是对他小暴君角色的放纵。他这会儿明白了，自己不仅可以在家里为所欲为，在外头也可以，凡事都有妈妈罩着。可是他的恶行到了社会上只会人人喊打。暴君不具备任何社会生存能力。其实，约翰尼要的只是归属感。他孤零零生活在成人世界，父母老来得子，对他所要所想无不满足，甘效犬马之劳。可是这么一来，反倒伤及孩子“因为对社会有用才有归属感”的天性，而对他“只有胜过貌似凛然不可侵犯的大人才有归属感”的错误认知火上浇油。

为了帮助约翰尼摆脱错误认知，父母首先必须意识到自己对如何表达爱意的错误认知。然后他们必须有所行动，而不是光说不练。如果妈妈坚决地把约翰尼从院子带回家里，对约翰尼的教育会更深刻。“很遗憾你刚才不乖。不过如果你准备好了，还是可以出去玩。”除此之外，妈妈对他的恶行无须过多解释，他自会明白新栽的花圃不可随意践踏。因为约翰尼早已是小暴君，新方法势必会被强烈抵制。如果他第二次还是践踏，妈妈可以再度强制带他回屋，说：“乖乖的，你还是可以出去。”不论约翰尼如何不配合，每次都要给他尝试的机会，然后再强制带他回家。只要妈妈保持冷静，默默确立自己维护秩序的权利，母子俩就不会卷入权力之争。儿子终会理解她的坚定，并尊重她的做法。约翰尼亟须学会尊重。而这只有通过行动——而不是空话——才能实现。

第十九章 不要"赶苍蝇" DON'T SHOO FLIES

妈妈用婴儿车推着快两岁的康妮，小女孩伸出脚丫子，鞋尖蹭着人行道。“别这样，康妮。”康妮赶紧把脚收回去，可是没过几分钟又故技重施。妈妈总是对她说“别这样，康妮”，最后实在火大，拍了她小腿一下。“跟你说过多少次了！”她大吼。此后康妮没有再伸脚。

“哈里，快点。要迟到了！”妈妈叫七岁的儿子起床，然后继续准备早餐。“哈里！快起来！”隔了几分钟她叫第二次，再隔几分钟又叫。最后，她走到门口，提高音量：“再不起来有你好看！”哈里一个骨碌跳起来，上桌吃饭。

“别抽鼻子，斯科特。”爸爸对患了花粉热的八岁儿子说。一家人正在看电视，看得聚精会神的斯科特不由自主又抽抽。爸爸很恼火，叫他别抽。就这样，斯科特断断续续抽鼻子，直到爸爸受不了，大声勒令他：“你就不会拿个纸巾，别再抽了？”斯科特很不情愿地照做。

上述案例中，小朋友都故意挑衅、激怒父母，亦即所谓“赶苍蝇”现象。面对孩子的恼人行为，我们往往会说“别这样”“打住”“不可以”“赶紧的”“小点声”，诸如此类，像赶苍蝇一样，想把恼人行为赶走。上述案例到最后，父母都很不耐烦或很凶。虽然这属于完全“自然”的反应，作为育儿手段却毫无用处，或者说，只能教会孩子如下道理：除非父母火冒三丈甚至动手打人，否则他们根本不会顾及我们！“赶苍蝇”是我们对孩子索取过度关注的反应。不分青红皂白的怒斥或警告对孩子没有用处，对我们更是毫无价值，因为面对此类越轨行为，除了口头警告之外，我们更想有别的作为。如果我们希望孩子戒除某个不良习惯或守秩序，一开始就要充分重视，坚持原则，直至所有要求都被满足。

有时候训练孩子说难也不难，就是费时间。每次康妮伸脚，妈妈不用多说话，不推车就是了。康妮很快就会明白，如果她想继续坐婴儿车，腿脚就不要乱动。作为训练方法，妈妈默默的坚持比多少次“别这样”和打她小腿更管用。

其他时候则是运用逻辑后果更有效。妈妈可以跟哈里明言，从此不再管他是否及时吃上早餐，让他自己看着办。之后妈妈绝不多费口舌，也不强迫他，哈里自会明白，妈妈不是闹着玩的：能不能吃到早饭完全取决于自己。妈妈不能通过唠叨让哈里改变行为模式，这些唠叨对他都是耳边风。

花粉热确实让斯科特很难受，也让家里人注意到他抽鼻子的问题。可是，电视看到一半正开心的时候，谁愿意跑去拿纸巾？不过，爸爸认为抽鼻子的习惯很烦人，不想让斯科特养成这个习惯，于是开始“赶苍蝇”。但斯科特还是抽个不停。此时爸爸可以暂时把注意力转移到孩子身上，每次斯科特抽鼻子的时候，就看（瞪）他一眼，让他别作声。小男孩很可能就会自觉拿纸巾。利用这种静默的坚持，爸爸即可对孩子施加影响。言语并非唯一的交流手段，而且通常是最低效的。如果我们希望引导孩子改变行为，首先必须留意自己的行为。我们的做法是否与预期相符，或者只是把恼人行为推到一边而已？

USE CARE IN PLEASING: HAVE THE COURAGE TO SAY “NO”

第二十章

取悦孩子务必小心：有勇气说“不”

“妈妈，给我买个新的戏水池。”史蒂夫要求。“为啥？”“我不喜欢现在这个。带我去买个新的。”“史蒂夫，我累死了。我们可以明天再去买。”“我现在就要！”小男孩直跺脚。“史蒂夫，求你了。今天我们出门好多次了。先带你去游泳，然后马术课，然后又游泳。就不能等到明天再买戏水池吗？”“我想现在就去，现在就买！”妈妈继续苦求，说自己很累。儿子开始哭闹、咒骂甚至踢她。妈妈最后没辙，开车去商店买了一个更新更大的戏水池。

因为离异，妈妈对史蒂夫一直很愧疚，觉得他被伤害了。为了弥补，她总是尽量满足史蒂夫的任何要求。史蒂夫感受到这一点，并加以利用。妈妈觉得如果对史蒂夫完全不讲理的要求说“不”，史蒂夫会很失望。既然他已承受了够多的痛苦，就不要再“剥夺”他的快乐了。

说实话，妈妈没有理由不满足史蒂夫的任何要求——哪怕到她去世为止，只要她确信自己有能力。史蒂夫也不用学习如何应对挫折，只要妈妈可以保证永远不会让他遭受挫折。在这种情况下，妈妈可以继续做一个可怜的奴隶，继续忍受小暴君的辱骂和脚踢，继续容许他破坏秩序、蔑视她，继续让他觉得自己是一个不可一世的大人物，要啥有啥，而且更善于利用愤怒控制别人。

“妈妈，求求你，晚上我可以跟林达去看演出吗？”卡拉在电话那头问，“她妈妈带我们去。”“不可以，卡拉，你明天还要上学。”“可是，妈妈，这真是特别好的演出，等到周五就没了。”“有啥特别的？”“一个特别好的狗狗故事——你知道的，妈妈——从那本书改编的。你也看到广告了。求你了，就这一回。我保证明天不会犯困。”妈妈在考虑。女儿这么在意的演出，我怎么好意思残忍拒绝。她真是喜欢动物故事！而且确实是好故事。再说只有这一回，应该没啥事。另外，如果我不让她去，估计她一晚上都不会开心，我也受不了。“好吧。不过演出一结束，你就要赶紧回家。”卡拉高兴得大叫：“她说我可以去！”

卡拉把妈妈训练得好极了。她的请求让人不忍拒绝，符合逻辑，而且抓住了妈妈取悦女儿的心理。一旦妈妈果真拒绝，卡拉就会一晚上闷闷不乐，以此来惩罚妈妈。总之，卡拉得偿所愿。妈妈则准许卡拉不守秩序、破坏作息。妈妈不敢对女儿说“不”，说明她对自己、对卡拉、对卡拉的身体健康、对作息、对秩序都缺乏尊重。如果妈妈有记录的习惯，想必会大吃一惊：“就这一回”的例外怎么如此之多？每个例外听起来都合乎情理，可是女儿这么频繁的“胜利”足以让妈妈警惕。因为她的请求暗含威胁，更像是专横的命令。

尽量取悦孩子的义务感并不可取，因为这是屈从的态度，更容易让孩子以自我为中心。在卡拉看来，生活就是我行我素或一意孤行。她只在意自己或自己的欲望，而不是当前现实所需，因而无从培养与他人合作的能力。一旦不能从其所愿，所有人的日子都不好过。卡拉无疑是被宠坏了。她不明白如何应对挫折，如何大度地接受别人对她说“不”，如何泰然处之。最悲哀的莫过于，一旦碰到别人无意取悦她的场合，她的生活应对能力将极其有限。

因为取悦孩子可以让家庭暂时和睦，如此的育儿短视让我们难以发现满足孩子任何奇思异想的长远恶果，所以取悦孩子的时候务必小心。孩子必须学习如何应对挫折。成人生活充满坎坷。认为孩子大了自会应对挫折的想法，纯属一厢情愿。孩子应该在养成期习得的技能，怎么可能长大就会自动获得？成长没有如此魔力。取悦与不取悦之间如何保持平衡，务必小心对待。如果生活作息和家庭秩序要求拒绝，如果妈妈有勇气说“不”，卡拉就可以习得不可或缺的应对挫折的技能。

四岁大的保罗带着一把装满水的水枪，跟妈妈上杂货店。妈妈回头一看，恰好发现保罗射一个女士的脸。“保罗！真不害臊。你知道不可以这样！赶紧把水枪收起来。”小男孩垂下枪，装作要装入枪套的样子，噘着小嘴，盯着地板。没过几分钟，又瞅见那个女士，保罗忍不住接着射她。妈妈吓坏了，一把夺过水枪，赶紧向女士道歉。保罗哭得呼天抢地。所有人都瞧着他们。妈妈很快又把枪递给保罗。“好了，别哭了。我们撤吧。”

妈妈缺乏说“不”的勇气。她受不了别人看到她的孩子哭闹。可是妈妈对保罗的训练让他觉得爱干吗就干吗有理，不管他的行为如何恶劣。而他对妈妈的反训练也极好，使得妈妈随时准备而且愿意任其胡闹。

很多孩子被拒绝后会激烈地表达怨恨。这时，妈妈有义务维护秩序：绝不能让保罗射人脸。既然他不愿意约束自己，妈妈可以夺走他的水枪。“等到你愿意把枪装入皮套、在回家前保证不拔出来的时候，我才会还给你。”妈妈必须尊重他发泄怨恨的权利，但也必须尊重自己当真说“不”的权利！有人爱看热闹，固然不爽，可是孩子的养育和成长更重要。我们必须学会留心当前现实所需，而不是在乎“外人怎么看”。此处妈妈必须在受伤的脸面和妈妈的义务之间择其一。

三岁大的威利哭着站在“一角钱商店”的玩具柜台前。“你要啥，威利？”威利指着一台他够不着的玩具手风琴。“不行，威利，太吵了。你不能买那个。我给你买个小车吧。”威利哼哼唧唧：“不要车。就要那个。”妈妈不理他，继续在对面柜台看货。威利抱着妈妈的大腿哭：“就要，就要，就要！”“哦，我的天。来，给你买。”店员把包装好的手风琴递给妈妈，威利伸手就抢。“太吵了，等我们回家了再玩。”威利又号啕大哭。“现在就要！现在就要！现在就要！”“那先给你拿着，别打开。”威利立刻撕掉包装纸。妈妈无可奈何地旁观。威利把手风琴拉来拉去，发出可怕的噪声。“好了，威利。你知道这声音多可怕。等我们回家了再玩，不然我要拿走了。”威利还是拉个不停。妈妈抢过玩具，威利就哭。妈妈给他，威利又拉个不停。妈妈气炸了：“难道你就不能等我们出了商店？”威利不搭理她。最后，妈妈把儿子推出商店。“真气人。难道你就不能等我们出了商店？”

面对威利的无理取闹，妈妈没有勇气说“不”。不论如何，威利就是要被取悦和讨好，简直把妈妈玩弄于股掌之间。我们绝对没有理由任凭孩子看中什么玩具就买给他，也没有理由每次购物都要给他买东西。这只会纵容孩子，让他觉得买东西是他的权利。“如果妈妈不给我买东西，就是不爱我。”相比他们对玩具的兴致，孩子更想确认妈妈必须经常给他们买玩具的无理要求。玩具本身没啥价值，很快就会被抛弃。让妈妈给他买东西更重要。

玩具必须具备一定的效用或是当前现实所需。只有逢年过节的时候，或是季节时令，比如春天的跳绳、夏天的棒球手套和水枪，冬天的室内游戏，才应该给孩子买玩具。购物必须有目的性。孩子跟我们一起购物，有助于他们形成关于金钱和买卖的概念。如果他们想要什么就有什么，就会形成金钱无限供应的错误认知，对物质的价值认知也会被扭曲。

威利的妈妈应该谨慎地取悦孩子，“不”随便给他买玩具，这才是对威利更大的关爱。反之，如同上述案例，因为不敢说“不”，不够坚定，她完全不能确立秩序，害怕孩子报复。

“家里没麦片了，劳拉。你想自己挑吗？”六岁大的劳拉开心地打量货架上的一排麦片，挑中了一个，放入购物车。妈妈同意了她的选择。劳拉又跑向糖果柜台，想挑一些糖果拿回来。“不行，今天不买糖果，劳拉。家里还有好多。”“可是我想买这种。”“我们下回采购的时候，你可以买，”妈妈笑着说，“过来，帮我挑几个橙子。”劳拉把糖果放回去，跟妈妈一起去水果摊。

妈妈对劳拉的取悦相当理性。让她挑选麦片，承担某些责任。然而，当劳拉提出不合理要求的时候，妈妈很友善地说“不”，建议下回再买，既不让孩子的期望落空，又赢得了合作，最后还让劳拉帮忙挑橙子。这么一来，劳拉就可学习如何有目的地购物。

我们天性喜欢取悦孩子。满足他们的欲望也让我们获得强烈的满足感。不过，如果我们取悦孩子到了失控甚至由于害怕而对他们的不当要求照单全收的地步，那么我们就要警惕这些行为的危险。对孩子不当要求的拒绝无须专横，可是一旦孩子的欲求有悖秩序或当前现实所需，我们必须有勇气说“不”，以表达我们最明智的判断。

第二十一章
不要冲动，出其不意

AVOID THAT FIRST IMPULSE: DO THE UNEXPECTED

三周大的多娜每次一哭，妈妈就冲过去看个究竟。把她抱起来，从头到脚检查一遍，搂着她，直到她重新入睡，再把她轻轻放到婴儿床上。

多娜哭—妈妈抱。这个仪式循环往复。结果，宝宝每回想让大人抱，就会“哭”。这个法宝难道不成功吗？哪怕几个星期大的宝宝对环境以及他/她可以做什么都有感知。每次一哭就有人抱的事实使得多娜不由自主地索取关注和服务。胖乎乎的小宝宝谁不喜欢抱？所以我们的反应和冲动不足为奇。然而，如果我们意识到这么做剥夺了孩子休息的权利，并让他们形成如何在这个世界上找到自己位置的错误观念，为了孩子的利益，我们的父母之爱会不会促使我们改弦更张？固定的休息和搂抱时间表有助于婴幼儿发现生活的规律以及现存秩序的舒适。所以，凡事不要冲动至关重要。我们应当停下来想一想——当前情境需要我们做什么？

爸爸、八岁的贝文、六岁的玛丽和三岁的莎拉在堆雪人。贝文很快没有了兴致，开始自个儿玩，在雪堆上又跑又滑。爸爸伸手装雪人脑袋的时候，被贝文一把撞上，手里的雪球摔落在地。“呀，抱歉，爸爸。我不是故意的！”“哦，小心点。”爸爸有点恼火。只过了几分钟，往下滑的贝文又把玛丽撞倒在地。玛丽的小脚插入雪人底部，毁了整个雪人，气得她号啕大哭。“贝文，进屋去。我们宁愿没有你在！”

爸爸一怒之下难免冲动，恰好落入贝文的圈套。作为老大的贝文，随着老二、老三的出生，两度感到受挫，觉得自己在家里丧失了地位。这或许是他对家庭集体活动“没有兴致”的原因之一。他的行为方式旨在证明自己的假定可以成立，虽然他未必意识到这一点。但他成功地让自己成为“全民公敌”，而且说实话确实有点恶劣。难怪爸爸和妹妹们都不想跟他玩。

贝文需要有个人理解并帮助他。如果爸爸意识到贝文对自己的家庭地位的疑虑，明白他老是受排斥的原因，可能就会克制把贝文赶走的冲动，至少不会这么轻易落入贝文的圈套。（当然，孩子的挑衅总是让人难以忍受！）

如果爸爸出其不意，整个事态很可能逆转。既然贝文想滑雪，他可以建议大家先不堆雪人，跟贝文一起滑雪。爸爸甚至可以不理睬玛丽的号啕大哭，兴致勃勃地提议：“贝文，你领头。先辟出一条宽阔的雪道，所有人可以一起滑。”因为贝文正在兴头上，可能会合作。这么一来，可以抢先打消贝文试图通过调皮捣蛋而被排斥的念头，让他变成领导者的角色，促进家庭欢乐。恼人行为由此转变成积极、有益的行为。

“你的嗓子疼了多久，罗伯特？”护士问四岁的小孩。妈妈替他回答：“昨天早上他就说嗓子疼。”“他经常嗓子疼。”八岁的贝基插嘴。护士又问罗伯特：“你会觉得全身发热吗？”妈妈又替他回答：“今天早上他好像没有发烧。”“有没有吃早饭？”“喝了点牛奶。”“妈妈总是替你回答问题吗？”妈妈笑了：“也不是。至少，我一直试着不出声。倒是他的姐姐一直这样，快把我逼疯了。”

罗伯特巧妙地让别人替他说话。他还是小宝宝，没有机会为自己发声。一开始受挫后，他发现不如索性躺平、闭嘴、不回应——甚至连面部表情也没有——让能干、健谈的女士接手。他可能并非心甘情愿如此，可是仔细观察你会发现，他老是让别人代劳。表面上的主人其实是他的仆人！

如果妈妈希望罗伯特长大，首先必须闭嘴。否则，她抑制不住的冲动会让她自己和儿子陷入困境。其次，不理睬贝基的抢答。贝基没准觉得，替弟弟代言显得自己很优越，其实，她也是为弟弟服务的仆人。

“你想吃啥麦片，罗伯特？”罗伯特本可自己回答，但不吱声。总有人替他回答的。果然，贝基跳了出来：“他喜欢玉米片。”“罗伯特可以自己说话。为什么不能等他自己回答呢？”如果他还是不作声，就没有麦片吃。

任何时候，我们出于冲动对孩子的任何回应，百分百正是孩子想让我们干的，虽然孩子自己未必意识到。如果他在我们打电话的时候软磨硬泡、哼哼唧唧，就是想让我们全力关注他。如果他给新洗过的地板带来泥巴，搞得我们受不了斥责他，说明他可能成功地让我们陷入权力之争。如果我们因为他不利索帮他系衣服扣子，无疑进一步确认了他不能自立的自我认知，让我们替他效力，而这正是“弱”孩子的厉害之处。

六岁大的查尔斯放学回家，发现晚饭的布丁甜点正在窗台上冷却。他用手指捅了捅，放到嘴里舔了好几次。妈妈恰好看见。“查尔斯！晚上你不能吃布丁。”晚饭的时候，妈妈先给爸爸再给其他人分布丁，略过了查尔斯。爸爸问为什么。妈妈说了事情的原委，查尔斯耷拉着脑袋、一脸忧伤。爸爸最后说：“那你就不给他布丁了？”“对。我说了，这是对他的惩罚。”“差不多得了，他只不过想尝一尝布丁的味道而已。”在爸爸的坚持下，妈妈妥协了，分给查尔斯布丁。

爸爸很为貌似伤心的查尔斯难过，以至于父子俩结盟对抗不讲道理的老妈妈。真是鬼精灵！他让爸爸助阵，让妈妈难受，因为妈妈惩罚他。多么绝妙的报复和复仇！一时冲动的爸爸促成了查尔斯的复仇计划，因为被他深深的忧伤打动。爸爸本该避免冲动，不卷入此事，因为这是妈妈和查尔斯的冲突，跟他没关系。(参阅第二十六章)

“米尔顿，回来，把衣服捡起来。跟你说过多少次了，上学前，保持房间整洁。把脏衣服放入洗衣篮。把鞋子放入壁橱。把上衣挂到衣架上。我的天！九岁的男孩子应该懂得收拾房间了吧。实在搞不懂，为什么你那么邋遢！桌上这些垃圾，你留着干吗……”

妈妈滔滔不绝，妄图控制孩子，但于事无补。米尔顿之所以邋遢，正是因为可以让爱干净的妈妈感到无能为力。他和妈妈卷入权力之争，胜率之比可能是一千比一。妈妈的应对方式正是米尔顿想要的——让冲突持续不断，让他一次次击败妈妈。今天他可能百般不情愿地捡起衣服（让妈妈恼火），但明天一切照旧。

妈妈其实可以有好几个出其不意的方式。首先，米尔顿肯定想不到妈妈会主动退出冲突。找个母慈子孝的时刻，妈妈可以说："米尔顿，我不想再管你房间干不干净的事儿了。你爱干吗干吗。毕竟，那是你自己的房间，跟我没半毛钱关系。"但妈妈必须真正显出不关心的样子。那是他的问题，让他自己解决。放入洗衣篮的脏衣服，她才洗。让逻辑后果发挥作用。无须多言！大扫除的日子，她可以问米尔顿是否愿意让她帮忙打扫他的房间，但不论米尔顿是否愿意，都要服从他的决定。任何时候，对他房间的脏乱，不提及、不评论、不生气。这并不容易，可是如果妈妈不想陷入权力之争、促使孩子行为得体，势必非此不可。一旦妈妈不甘心，不论如何，都要让米尔顿收拾房间，她就是在延续权力之争，自取其咎，结果孩子还是不合作。

从婴儿期开始，孩子就百般探求，希望找到自己的地位，让自己有价值、很重要。一旦找到一个可以实现此目的的新技巧，他们就会抱着不放，不管受到多少斥责或惩罚。父母不悦不会消减他觉得自己重要的满足感。一旦技巧有效，他们就会坚持到底，继续争夺关注或权力。

孩子甚少意识到他们行为不端或调皮捣蛋背后的目的。不论孩子还是父母，往往不知道这是孩子为了找到其地位或归属感的努力。如果他的行为违反了秩序、中断了合作，那是他为了实现这个基本目标，采用了错误的方法，而我们的冲动反应通常只会强化他的错误假定。于是，他不仅越发沮丧受挫，而且认定唯有如此，别无他法。

仔细观察我们的反应，从中发现孩子有何收益。如果我们停止以前的反应，他的努力就会全白费。于是，他可能转而寻找更可取更有效的方式方法，尤其是如果我们继续密切关注孩子，并为孩子获取地位提供更有效方案的话。

第二十二章 避免过度保护

REFRAIN FROM OVERPROTECTION

“约翰尼！约翰尼！”妈妈站在前门叫唤，她七岁的儿子在半个街区之外玩。没得到回应，妈妈走了过去。“约翰尼，你是不是应该多穿件毛衣？今天早上冷飕飕的。”“不用。不冷，妈妈。暖和着呢。”“还是多穿点。我回去给你拿。”妈妈回家给约翰尼拿了一件毛衣，帮他穿上。

对孩子过度保护的妈妈高高在上，决定约翰尼冷还是不冷。约翰尼也乐于如此，因为这么一来，妈妈就会时时为他忙活，虽然她提供的服务并非不可或缺。妈妈决定他必须多穿一件毛衣，但约翰尼属于被动服从，妈妈不得不回家帮他拿。对此互动不明就里的妈妈还觉得，一切尽在她的掌控之中。

“嗨，妈妈。要不要去商店备点货？我们可以摆一个柠檬水小摊。”“不要，吉米。我不能让你独自去商店。”“喔，可是只有四个街区远，妈妈。求你了。”七岁大的吉米苦求。五岁半的马文也忍不住插嘴：“求求你了，妈妈。让我们去吧。大热天的，我们可以卖很多。”“我这会儿不能带你们去商店，你们又太小不能自己去。再说了，要准备那么多材料！纸杯，柠檬，等等。另外，你们打算在哪儿摆摊？”“就在前面不远，肯定很多人买。”“我不这么觉得，还是算了吧。”妈妈打消了小男孩的念头。兄弟俩一出门，吉米就很不屑地说：“呵！她只会害怕！”马文点头称是。

妈妈只会“害怕”，害怕小男孩脱离她的视线就会出意外。不让孩子受伤害，这是人之常情。但妈妈有点过头了，觉得危险无处不在，这属于过度保护。

我们不可能、也不应该守护孩子一生，但有义务训练孩子直面生活的勇气和力量。妈妈保护孩子免于伤害的愿望可能适得其反，让孩子失落沮丧，不能自立，唯有依赖大人。

细究妈妈的错误理念，这是因素之一：以一切为孩子好为借口，我们让孩子不能自立、依赖大人，反倒可以显出我们的高大、有力和关切。这让我们处于高高在上的支配地位，孩子凡事唯有服从。然而，今时今日的孩子不会心甘情愿如此，势必“揭竿而起”。

因素之二：对孩子的过度保护可能与我们对自身能力的不自信有关。因为我们连自己都信不过，更不可能放手让孩子大胆去闯。

上述案例中，吉米和马文虽然听从了妈妈的意见，但充满鄙夷，而不是尊重。对她的担心胆怯，他们直皱眉头。

孩子如何与过度保护的父母相处，取决于他们的目标。上文我们曾论及孩子的四大不当目标，其中最危险的当数“一无是处”。沮丧透顶之际，最怕孩子索性放弃，不敢面对生活的大小坎坷，永远寄望于父母的保护。

两个月前，六岁大的乔确诊糖尿病，每日都要口服被妈妈谎称“维生素”的胰岛素。没有人告诉乔他得了糖尿病。妈妈为自己辩护的理由是：不想让乔显得“格格不入”。与医生讨论病情都瞒着乔进行。妈妈只是每天提醒乔，除了她准备的食物，不能吃别的东西，否则“维生素”不起作用。

妈妈的担忧可以理解。患有器质性疾病的小孩，虽然我们竭力想让他们跟正常人一样，但是一味逃避甚至撒谎于事无补。妈妈属于过度保护。她想控制全局，承担起照顾乔日常饮食的责任。可是最终，乔还是必须知道自己的病情，因为他必须自己面对。假如乔得的是麻疹，妈妈恐怕会据实以告，并贴心照料。因为相比终身疾病糖尿病，麻疹简直可以忽略不计。可是，六岁的乔不是小宝宝，已经大到可以明白道理，亦即，他的某些身体机能必须借助药物。一开始，家长可以采取漫不经心的方式，让孩子懂得一些健康常识。“你的身体里有个腺体不能正常工作，必须借助胰岛素这个药物。可是如果你吃得太多，胰岛素会应付不过来。所以，我们必须控制你的饮食。”乔自会慢慢明白，他的糖尿病可以控制，他还可以正常生活。这是乔的问题，但他需要帮助和鼓励去面对它。最好的鼓励莫过于让孩子知道他自己应付得来。随着乔慢慢长大，对身体机能所知越多，他对糖尿病的了解也越会增加。对于经常要做的尿检，妈妈可以这么解释：“尿检可以让我们判断出你的腺体是否得到足够的帮助。”如果妈妈自己不被问题吓倒，乔更有可能习得不可或缺的技能，自己面对痼疾。反之，妈妈一味保护，让他与问题隔绝，相当于剥夺了乔的学习权利。

明知不可为而为之，没有比这更让人沮丧的。我们不可能安排一切、控制生活，不论为自己还是为孩子。我们身边的诸多不幸和痛苦，大体都是因为如此。孩子有样学样，也向这“不可能”开战，但又受到我们无时无刻不在的保护，免于人生的磨难和困苦。偶有小得，孩子势必觉得我们的保护理所当然。此后的破灭或醒悟又招致他们的愤怒和怨恨——不仅反父母，而且反生活，因为生活不服从父母的安排遂其所愿。“娇生惯养的小孩”就是如此，时常暴怒，因为生活不遂其所愿。多么无益、可悲的要求啊！不幸的是，“娇生惯养”并不会随着孩子长大成人自行消失，而是沉淀为基本的人生态度。我们纵容娇惯孩子，不让他们吃生活的苦，实际上送了他们一份人生“大礼”：面对残酷荒诞的世界，只有徒劳无益的愤怒。

为了避免如此巨大的过失，我们必须意识到自己并非全知全能，但有义务指引孩子应对生活的方式、方法和态度。方案如下：首先，认清我们面对的问题；其次，寻找问题的答案。“我能做什么？”通过几个简单的问题，再小的宝宝也可以学会如何分析纷繁复杂的现实。孩子的大脑非常活跃，如何运用则需要训练。

“妈妈！乔治老撕我的书！”布鲁斯大声嚷嚷，对小弟弟的恶劣行径火冒三丈。布鲁斯陈述了他的问题以及反应。他想让妈妈做点什么，解决这个问题，最好是惩罚乔治。

“哦，亲爱的，很抱歉你的书遭殃了。但事情已经发生，你可以做点什么，不让乔治继续撕你的书？”“不知道！”布鲁斯还在生气。“你总得做点什么阻止他，”妈妈继续若无其事，“好好想想，回头我们再来讨论。”“我现在就要解决！”妈妈以上洗手间为由离开。稍后，等布鲁斯平静下来，妈妈旧事重提。对“不公正”还耿耿于怀的布鲁斯，一开始的回应仍充满敌意，妈妈则小心避开。“我们没法不让乔治撕东西，你也知道，布鲁斯。那怎么办？”妈妈娴熟地抛出一个个问题，终于引导布鲁斯想到一个法子：把书放在乔治够不着的地方。

正是大人面对小孩的优越感，让我们觉得他们太幼小，没有能力解决问题或承受挫折。承认这个错误认知，代之以对孩子能力的充分信任，引导他们。当然，我们不能任由孩子自生自灭，听任命运的摆布，也不能让他们一下子遭受残酷生活的暴击。多动动脑子！不要只是逞强，凡事冲在最前头，让孩子躲在后面装无辜，这么一来，我们与筛子没有区别，孩子本可应对的生活体验也被我们过滤掉了。我们必须时刻警觉，但凡有机会不惜后退，让孩子上前，体会他的力量。只有问题大到他无法应对的时候，我们才适时介入。从孩子呱呱坠地起，我们就可如此行事。渐渐地，伴随着我们的关爱和指引，我们把生活以及生活的困厄、挑战和满足，一齐交到孩子手上。

STIMULATE INDEPENDENCE

第二十三章 激发独立

孩子可以自己做，大人千万别插手。

这条规则如此重要，值得一说再说。

五岁大的玛丽是妈妈的心头宝。小姑娘可爱至极，妈妈总是把她打扮得漂漂亮亮，每天帮她洗澡、穿衣服、系鞋带、梳头发，整得她跟洋娃娃一样迷人可爱。可是她自己不会系扣子、穿袜子、分不清衣服的前后面和鞋子的左右脚。

有一天晚上，在妈妈研习营，说到“孩子可以自己做，大人千万别插手”这一条。玛丽的妈妈被激怒了。“我就想为我们家玛丽做任何事情。我就是喜欢照顾她。她是我的一切！”

玛丽的妈妈若是意识到她对孩子做了什么，想必会大吃一惊。她对女儿的爱其实是爱自己。她把自己当作彻头彻尾的慈母，活着就是为孩子服务。玛丽呢，受到的教育却是自己非常差劲、不能自立、依赖别人、成事不足、一无是处。凡事只有妈妈代劳，玛丽才觉得有地位。她几乎没有行动力，可以提供的只有魅力，但也只是被动展示。

玛丽第二年就要上小学。届时妈妈不能在身边操办一切，玛丽将举步维艰。凡事缺乏勇气，玛丽势必更加不能自立。危机当前，她完全没有做好准备。

大人凡事为孩子代劳，其实是在炫耀：我们比他们更大、更好、更强、更巧、更老练、更重要，进而继续强化我们自以为是的优越感和孩子的自卑感。然后我们还觉得奇怪，为什么孩子如此低能和没用！

可见，父母的越俎代庖最让人气馁，因为这么一来剥夺了孩子体会自己力量的机会，显得我们完全不信任他们的能力、勇气和本事，让他们没有安全感——而安全感来自孩子有能力面对和解决困难，进而剥夺了他们自给自足的权利。总之，孩子也是人，但我们对他们极其不尊重。

妈妈、四岁的珍和快三岁的温迪穿衣戴帽，准备去雪地玩。两个小姑娘期盼已久，因为妈妈喜欢跟她们胡闹，堆各种雪人。珍毫不费力，自己穿好了衣服，包括靴子。温迪板着脸，磨磨蹭蹭，瞅着防雪服，就是不想自己穿。“别磨叽，温迪，穿衣服。”妈妈一边系靴子一边提醒她。温迪无助地吮着大拇指，愣着不动。“哦，我的天，温迪！咋回事？坐下来，我教过你了。”“我不会，”温迪开始抽噎，“你帮我。”“好吧好吧。过来。”妈妈不耐烦地帮温迪穿衣服。珍在一边看着，心满意足。

还是小宝宝的温迪领会了无能、无助可以得到妈妈关注和服务的道理。姐姐的能耐更加剧了她的不自信。珍则巴不得温迪永远无能，以确保自己的优势地位无虞。很不耐烦的妈妈则落实了两个小姑娘的盘算。她对温迪的不能自立无可奈何，凡事为她代劳。只要妈妈一直不耐烦、急匆匆、图省事，温迪自然没有独立的机会。

温迪急需鼓励。她必须重新认识自己，并以新方式找到自己的地位。她最不需要妈妈的服务。对她的鼓励则需要时间和耐心。既然妈妈教过温迪怎么穿防雪服，她大可假定温迪懂得。现在她必须后退，让温迪有行动的空间。如果可以给她更多穿衣服的时间更好，所谓万事开头难。然后耐心鼓励她——别着急上火。“可以的，温迪。你是大姑娘了。”如果温迪推脱不会，妈妈应该拒绝接受温迪的自我认知，继续用言语鼓励她。“你当然可以。再试试。等你穿好了，再出来跟我们玩吧。”可能出现温迪完全放弃、不想再尝试甚至哭闹的情况，那她就没得玩。妈妈必须克制为温迪难过的冲动，更不可以屈服，跑回去帮她穿衣服，再带她出来玩。一旦温迪发现不会穿衣服就没得玩，而且没人觉得她可怜的时候，可能就会改变主意，自己解决问题。

妈妈熨衣服的时候，三岁大的贝斯安在她脚边玩。“妈妈，我不想让你现在熨衣服。”“还有两件衬衣就好了，宝贝，快了。”“可是我想上厕所。”贝斯安抽噎。“你可以自己去。”妈妈轻声说。“不，不可以，妈妈。我想你陪我。”“对不起，我在熨衣服。”“可是我自己去不了。”妈妈对女儿笑笑，不再说话。小姑娘扑在地上发脾气，闹了一阵子，想了想，还是自己爬起来去上厕所。

妈妈在指导中心接受过指导。独生女贝斯安片刻离不开妈妈。妈妈则努力不理睬贝斯安的过度要求，让她学会独立。以前的经历让贝斯安明白，发脾气不能得逞，这是她先发脾气、但很快觉得不对劲的原因。妈妈不理会她的要求，继续熨衣服，贝斯安以无助为武器，想让妈妈屈服。但妈妈温柔平静地拒绝了，因为这是贝斯安自己可以做到的事情，所以也不跟女儿争辩。由此贝斯安将逐渐学会独立和自立。

妈妈和三岁半的基蒂进入公寓楼电梯。基蒂尽量伸出小手，想够五楼的按钮。另一个乘客冷冷发笑：“这下子所有楼层都要停一遍了！”“哦，不会的，她按对了。”妈妈为基蒂说话。“真的？”那人甚是惊讶。“没错，她知道怎么按电梯。”基蒂开心极了。

虽然基蒂还小，必须妈妈陪着去公寓楼的游乐区，但妈妈尽量让基蒂做她力所能及的事情——比如按电梯，以培养她的独立。基蒂知道有些事情不用麻烦别人，自己也很骄傲。看到这么大的电梯听自己使唤，不难想象，基蒂该有多激动！

从襁褓开始，孩子就向我们表明他们想自己做主。婴儿伸手拿调羹，因为想自己吃东西。但我们因为怕麻烦，往往劝阻孩子早期的这些尝试，进而让他们气馁，并形成错误的自我认知。多么遗憾！

孩子弄得一塌糊涂，帮他收拾，还是帮他找回失落的勇气，哪个更容易一目了然。一旦孩子表现出独立自主的苗头，我们应该善加利用，大胆放手——孩子自助或助人的机会比我们想象的多得多。他们需要帮助、指导、鼓励和训练，而这是我们要提供的。我们没有为他们操办一切的权利，也没有阻止他们跃跃欲试想有所作为的权利。

孩子因为幼小而动人。看到他们做事情碰到点小麻烦，我们很容易产生伸出援手的冲动，但这正是我们要警醒和克服的。我们经常不明就里，在孩子早就不需要的时候，继续习惯性地为他们代劳。孩子巴不得有人替他们干活，甚至可以从促使别人为他们服务的过程中体会到权力感，但他们也喜欢有机会独立，乐于助人。随着孩子越来越大，他们喜欢为自己或别人做更多事情。然而，此天性可能因为父母的恐惧、保护和代劳而被压制。在这种情况下，孩子易于气馁，并很快发现示弱的好处。他认定自己啥也不会、力不从心，简直一无是处；继而从别人的越俎代庖中觉得舒适，自立和自信则进一步受到打击。警醒的父母可以遵循本章一开始就提出的那条原则——“孩子可以自己做，大人千万别插手”——防患于未然。听起来简单，做起来不易，尤其是我们着急把事情干完或习惯为孩子代劳的时候。长此以往，我们甚至意识不到孩子已经可以接手了，或者一如既往，我们低估了孩子的能力。我们习惯于贬低孩子的能力，放大孩子的无助。对孩子期望过高——实则是把我们的要求强加给孩子，或者，信任孩子的能力——也是对孩子的尊重，二者之间的微妙差异，我们必须小心区分。

作为女童子军项目的活动之一，琼必须采访当地一个兽医。“妈妈，求求你，帮我给他打电话吧。”“为啥，宝贝？”“我不知道说什么。”琼回答。“哦，你想从他那里得到什么？”“我想跟他聊聊马的健康问题。”“直接问他不就得了。”“可是我不懂怎么问。”琼很发愁。“我觉得你肯定有办法的，好好想想，亲爱的。”“妈妈，你就帮我打电话嘛。”琼继续苦求。“可是我不想知道马的健康这些事儿，这不是我的项目。你可以的。加油。”琼失望地走开，没打电话。妈妈啥也没说。下一次女童子军会议，琼的小组长问她的采访怎么样了。琼羞愧地承认还没打电话。“下周可以完成吗，琼？毕竟这是你自己的项目。”当天晚上琼又要求妈妈帮她打电话。妈妈仍旧拒绝。“可是我不知道电话号码。”妈妈笑着递给她电话黄页。“去吧，宝贝，你可以的。”琼花了很长时间才找到电话号码，然后盯着电话，磨蹭了更久。等她终于鼓起勇气拨号，妈妈见机离开房间。稍后琼开心地跑过来。“哇，他可好了，妈妈。跟我说了好多。现在我可以交作业啦！”妈妈笑得很满足。“好开心，你愿意自己完成。”妈妈抱了抱琼。

妈妈知道琼面对陌生人、向陌生人提要求并独自面对全新情境的恐惧。她当然很愿意为琼开路，但很快认识到女儿必须自己长大，并利用这个机会让琼自己解决问题。她知道完成作业、拿到童子军奖励的激励，可以促使琼独自完成任务。她相信琼的能力，尽量不逼迫她，而且适时离开房间，完全放手。琼自己可以干的，她绝不插手。最终，琼的收获是日益独立，妈妈的收获则是有效激励的满足感。

有一种微妙状况需要所有妈妈注意。一方面，我们不能对孩子要求太高；另一方面，我们必须认可孩子的能力。妈妈坚信琼可以独立完成作业，这对琼的勇气是莫大的支持。当女儿开始拨号，妈妈主动离开房间，免除琼的疑虑或顾虑，让她可以无拘无束地跟人交谈。

没有父母会处心积虑，故意不让孩子独立。所以，我们必须时刻警惕过度保护的危害，一有机会就激励孩子独立自主。

每个妈妈都对孩子迈出的人生第一步激动不已、记忆犹深。很多家庭录像或照片都记录了这激动人心的时刻。如果父母留意孩子成长的不同阶段，会发现类似时刻还有很多。孩子迈出人生第一步的过程，其实就是孩子成长史的缩影。妈妈伸手慢慢后退，与孩子保持距离，但并非遥不可及。妈妈以这种方式鼓励孩子大胆前行。她让孩子拥有活动的空间，无须她的扶持。孩子一旦得手，抓住妈妈，脸上就会洋溢胜利的喜悦，妈妈也为孩子的成就而激动。所以不论哪个领域，我们都必须慢慢后退，给孩子成长的空间，鼓励他们，而不是凡事代劳。

STAY OUT OF FIGHTS!

第二十四章
置身“架”外！

对兄弟姐妹之间无休止的打架争斗，父母都很关切。每个孩子他们都爱，看到自己深爱的孩子互相厌恨和伤害，他们心里一定很难受。育儿牵扯的精力很大一部分用于平息争端，“教育”孩子和平共处。孩子日益长大后，很多人最终“弃置”打架，开始互相赏识和关爱。但也有兄弟姐妹带着敌意进入成年，一辈子未能重归于好。任何说教都不能缓和他们的矛盾——时不时就要爆发。父母竭尽所能阻止争斗，但无济于事。而且打架的现象如此司空见惯，甚至被视作儿童行为的“常态”，但是经常发生并不等于常态。孩子不一定非打架不可。孩子不打架的家庭也不是没有。他们之所以打架，是彼此关系出了问题。没有人愿意承认打架好受。由此，如果孩子继续打得不亦乐乎，他们必定可以从结果中得到满足，没有人会为了打架而打架。

这个判断预设了任何行为都有目的的前提。由此，对打架的寻常“解释”——亦即打架由侵略的本性、冲动或遗传“引起”——不足为信。我们认为，必须从行为发生的现场以及行为的目的出发，理解孩子的行为。

八岁的露西亚和五岁的卡尔文在看电视，妈妈在准备晚餐。卡尔文挤了挤露西亚，露西亚退了退。卡尔文把腿架在露西亚身上，被露西亚推开。卡尔文又用全身倚着露西亚。“别闹了。”被电视节目迷住的露西亚虽然恼火，但声音并不大。卡尔文虽然也看电视，但不像露西亚那般入迷，开始用手指在露西亚的衬衣花纹上滑来滑去。露西亚一拳把他的小手打开：“我说别闹了。”卡尔文咯咯笑，又伸出手指在露西亚的耳朵边画圈。露西亚抓住他的胳膊咬了一口。“哦喔！”卡尔文大哭。妈妈闻声赶来。“怎么啦？”她生气地质问，很快发现卡尔文哭得死去活来，一只胳膊抱着身体晃来晃去的样子，大概明白了怎么回事。妈妈赶紧冲向卡尔文，把他抱起来。卡尔文伸出胳膊，上面的牙印还清晰可见。“露西亚！”“他先招惹我的。”“不管他做了什么，你都不能这么伤害你的弟弟。”

姐弟俩为何打斗？结果又如何？

小宝宝卡尔文希望得到妈妈的保护，为此精心设计，以实现目的。露西亚则觉得自己受了委屈，因为妈妈一味偏袒卡尔文，但又想借助妈妈的干涉，放大自己的委屈。因此，她干了妈妈最讨厌的事儿，知道妈妈一定会支持卡尔文，好好修理她一顿。因为卡尔文挑衅在先，她自然觉得受委屈，先是弟弟后是妈妈给的委屈，因为妈妈站在弟弟的立场指责她，而之前弟弟一直在挑衅她。但如果露西亚不咬弟弟以示报复，妈妈可能不会跟弟弟同一立场，并认为调皮捣蛋的是弟弟。

妈妈应该怎么做？首先，她不该冲动，听到尖叫声就冲进来。不过，对任何妈妈来说，这个要求都挺高。我们不妨如此考虑。尖叫声让妈妈很紧张。显然出了什么乱子。不过，只是尖叫而已，然后是哭声。可是房子没塌，电视机没炸，除了哭声没有别的。哦，一定是姐弟俩打架、卡尔文受伤了。哦，打就打吧。我可不要卷入。

可以如此行事的妈妈，势必过去有过类似置身“架”外的经验。所以我们还是假设妈妈冲动——第一时间冲进来看个究竟。但看到牙印不要大惊小怪，这是她必须学会克制的第二个冲动。查明是打架引起的尖叫和哭声，妈妈可以一言不发，继续回厨房忙活。毕竟，如果卡尔文不想被咬，那就不要挑衅姐姐。妈妈的应对使得姐弟关系重归原位，毕竟解铃还须系铃人。我们没有“权力”设定孩子之间的关系，但可以引导他们如何相处。这么一来，我们消除了打架可能带来的满意结果，就有可能促成新的姐弟关系。为此，妈妈必须学会识别行为背后的目的。

“我的天，别打了。你们快把我逼疯了！”妈妈在其他房间大声嚷嚷。“都是盖尔，不让我看电视！”基思喊回来。“我有权利看自己想看的！”盖尔气冲冲地回答。妈妈一声长叹，不耐烦地到客厅解决争端。

妈妈提示了打架背后的目的。孩子为了看电视而争斗。妈妈很恼火。“你们快把我逼疯了！”她说。可能难以置信，这就是孩子打架的目的——把妈妈逼“疯”。屡试不爽，这是得到妈妈关注的有效手段。她以裁决者的身份介入。打架让她恼火、焦虑，不得不停下手头活计，跑过来“算账”，实则是提供不必要的关注和服务。

妈妈一旦意识到她与此事无关，就不会恼火。我们的恼怒大致源于对孩子及其福祉的过度负责，使得我们难以对他们不闻不问。争抢电视的是盖尔和基思，跟妈妈没有半毛钱关系。一旦意识到这个简单原则，她就不会强迫自己生气。所以，她可以继续忙活，让盖尔和基思自己解决争端。妈妈不冲过去的可能结果是，有个孩子会跑过来。妈妈可以这么回答：“很遗憾你们闹矛盾，但我相信你们可以自己解决。”把责任转交给孩子——本来就是，拒绝卷入与己无关的事情。同时消解了孩子对于打架的可能预期，亦即争端的源头。

不论孩子为何打架，父母介入，试图解决争端或隔开当事人，只会雪上加霜，因为这剥夺了孩子学习如何解决争端的机会。我们都经历过利益冲突的类似情境，所有人都要学习如何应对。人生不就如此？有得必有舍。

每次妈妈裁决谁可以看什么电视节目，替孩子拿主意，就是把自己视作权威，孩子则学不到如何合作、调解或公平。这个道理同样适用于打架和培养孩子独立的情境。凡是打架都要仰赖父母摆平的孩子，可能永远学不会如何化解纷争，结果每次发脾气或不能得逞的时候还是要动拳头。

让父母明白孩子打架跟大人没关系的道理并不容易。他们认定，“教育”孩子不要打架是其职责所在。这点没错，关键在于如何做到。不幸的是，干涉和仲裁靠不住。虽然可以暂时不让孩子打架，但不能教会他们下回如何不打架，或者如何用其他方式解决争端。如果我们的干涉让孩子满意，他们不是更有理由继续打架吗？如果打架的结果只是身体受伤或鼻子流血（终会自行痊愈），孩子不是更有理由用其他方式解决冲突吗？如果不是有其他令人心动的额外好处，可以减轻打架带来的伤害，孩子在打架前势必更加谨慎，甚至可以养成对兄弟姐妹的责任感。（自然，妈妈可以帮忙照顾孩子流血的鼻子，但不要偏袒任何一方，也不要评论谁对谁错。说一句“很抱歉你打架受伤”就够了。)

如下是我们研究小组的一个妈妈的报告。

“我和我丈夫开始试着不理睬两个孩子打架。以前，往往有一个孩子跑过来告状，我们就会介入纷争，找到罪魁祸首。真是伤脑筋，搞得我对孩子不是骂就是打。每天哪怕只有一次，那天我就别想安生。后来我告诉他们，你们可以自己解决争端，甭管你们谁说啥我都不管。果然，我很快可以做到不理睬，两个熊孩子也不来告状。有一天，我听到小的那个说：‘我要告诉妈妈你干的好事儿。’大的那个回答：‘你告状也没用。她只会让我们自己解决。’这也是我最后一次听他们这么说。跟你们说，这前后区别可大了——甭管谁欺负谁，我都可以做到不偏袒、不愤怒。当然，我学过如下道理：孩子打架大部分是为了得到父母关注，小孩子照顾自己的能力比我们想象的强得多。如今我坚定地相信父母应该完全置身‘架’外，这不仅对孩子有好处，而且可以消解大约90%的育儿压力。”

妈妈坐在露台跟邻居聊天。四岁大的玛吉往屋里走，后头跟着小弟弟博比。博比费了好多工夫才爬上台阶，所以他才到门口，玛吉已经进屋。博比摸进房门的时候，一脸假正经的玛吉装作若无其事的样子，把门撞上。博比一声惨叫。妈妈冲上台阶，拉开房门，揪住玛吉，痛打一顿。“你怎么可以欺负小弟弟？他的小手指可能会被你夹断。现在不许你出门，好好反省。”妈妈抱起博比，回去继续聊天，让博比坐她腿上。很快博比溜下来自己玩。这时，玛吉还在屋里无声地抽泣。又过了一会儿，妈妈终于去找玛吉：“想做一个乖女孩吗？”玛吉还是哭。妈妈抱起玛吉，玛吉趴在妈妈肩膀上。妈妈抱着她到外头坐下，也让她坐在腿上。“好了，别哭了。你还是妈妈的好女孩。我知道你一定会乖乖的。”

不只是口角，有时候孩子真打。妈妈对小宝宝博比过于呵护过于关注。能干的玛吉被“废黜”后心怀怨恨。每次妈妈“呵护”博比，玛吉的恨意就多一分，隔三岔五就要发泄。玛吉渴望妈妈的关注，这是妈妈爱她的表现。于是她无师自通，发现了打是疼骂是爱的道理。妈妈要是仔细观察就会发现，玛吉撞门的时候其实很小心，没有夹到博比的手指。这表明她是为了得到妈妈的关注，而不是报复。否则，博比的手指一定会被夹到。伤害弟弟不是她的目的，而是让妈妈卷入——亦即，为了得到妈妈的爱而故意变“坏”。多么完美的计划！

孩子由斗嘴而动手，受欺负的一般是年纪小的那个，父母基本上可以认定大孩子只是为了虚张声势、浑水摸鱼，而不是真想伤害弟弟妹妹。指导中心的一个妈妈提交了如下报告：

妈妈经过游戏室门口，恰好瞅见四岁大的凯瑞拿着一辆玩具卡车，停在十一个月大的林迪头上，似乎想砸她的脑袋。林迪吓得大声尖叫。妈妈想起指导中心的置身“架”外的提醒，咬咬牙鼓起勇气，没有冲进去，而是透过门缝窥视。眼前所见让她大吃一惊。一直盯着门口的凯瑞发现妈妈不理睬，只是轻轻拿着玩具卡车，假装在妹妹头上开来开去，没有碰她一下。

妈妈这下真的相信指导中心所言不虚。凯瑞和林迪竟然互相配合，想把妈妈卷入。只有十一个月大的林迪明白得很，如果她大声尖叫，妈妈就会冲进来收拾凯瑞。凯瑞也明白，如果他让林迪大声尖叫，妈妈也会冲进来。两个熊孩子亲密合作，把妈妈耍得够呛！

一般而言，如果一个孩子想用某个危险物品威胁另一个孩子，妈妈可以过来，静静移除。关键是别大惊小怪，否则正中孩子下怀。

晚餐时，爸爸妈妈经常没有机会说话，老是被孩子打断。家里有四个孩子：四岁的罗斯和六岁的比利，妈妈跟前夫生的；五岁的卡尔和七岁的玛丽莲，爸爸跟亡妻生的。罗斯的小脚丫晃来晃去，踢到了卡尔的腿。“爸爸，罗斯踢我！”卡尔告状。妈妈干涉：“罗斯，别晃小脚丫子，注意礼仪。”罗斯埋头吃东西。“爸爸，比利不让我拿盐。”玛丽莲哼哼唧唧。“把盐递过来，比利！”妈妈勒令。比利乖乖递盐。“妈妈，卡尔一直撞我胳膊肘！”比利告状。这回爸爸出面了：“别乱动胳膊肘，卡尔。”小男孩赶紧把胳膊盘好。“妈妈，玛丽莲拿了我的餐巾。”罗斯抱怨。“把餐巾给罗斯，玛丽莲！”爸爸勒令。总之，一个接一个，这些孩子互相逗弄，受委屈的孩子立刻找父母主持公道。最后，爸爸爆发了。“你们要闹到啥时候？就不能好好吃饭吗？我好累，我好烦。接下来谁再闹我就收拾谁。”孩子们于是乖乖吃饭，但都不开心，气氛很紧张。

四个孩子争相逗弄，父母疲于应对，搞得一地鸡毛、大家都不开心——但并非没有目的。值得注意的是，受欺负的孩子只找原生父母告状，肇事方的原生父母则负责收拾残局。一方继父母的孩子故意激怒另一方继父母的孩子，因为如此挑衅势必会被收拾。父母容易认为孩子“缺乏安全感”，老是忍不住要主持公道。因而，一方继父母的孩子挑衅另一方继父母的孩子，就可以让自己的父母为他忙活。这招真管用。

有些家庭的父母保护他们的继子（女），有些家庭的父母则保护亲生的子（女）。不论如何，孩子总会精心挑选最容易让自己被收拾的那一方挑衅。

孩子一听到自己将被收拾就老老实实的事实表明，他们是为了得到关注；否则，父母如此威胁只会让他们更加肆无忌惮。目前他们已达致预期的最大目的，还是不要得寸进尺，老实一点儿好，这也表明打架不是目的，而是为了得到父母的关注。

父母真想帮到孩子，就应该停止过度关注，让他们自行解决争端。如果孩子的餐桌行为扰乱到家庭和睦，父母可以拒绝跟他们一起就餐，直至他们收敛。如果四个孩子闹个不停，甚至可以请他们离席。这么一来，孩子就会明白文明用餐的道理。请孩子离开，父母既不会卷入冲突，也不会偏袒任何一方，还表明了自己的坚定。

九岁大的哈里用玩具模型盖房子，七岁半的艾伦帮他，六岁大的苏珊自个儿在旁边玩。起初大家相安无事，直到苏珊偷偷用脚后跟捅哈里。“别闹，苏珊！”捅第二下的时候哈里大吼。“怎么啦？”苏珊装无辜。毕竟，她只是在活动脚丫子，哈里恰好挡道，她有什么办法？又捅了一下。哈里就打了苏珊一拳。苏珊跳起来大哭，跑向一扇窗户张望，接着跑到侧窗，最后又跑到后面卧室的窗户张望。终于被她瞅见妈妈正在玫瑰花圃里忙活，苏珊就发出撕心裂肺的哭喊声。“妈妈，”她对着窗外大声告状，“哈里打我——大力打我！”妈妈停下来，进屋，瞅见苏珊胳膊上的红斑，安慰她，进入小男孩的房间。“哈里，为什么打苏珊？”“她自找的。”哈里辩解。“我没有。你无缘无故打人，”苏珊大叫，“我没招你没惹你！”“你有！”哈里喊回去，“你踢了我好几次！”“妈妈，我没有踢他。我只是移动的时候，脚后跟碰了他一下，不是故意踢他。”“臭丫头！”哈里怒了，“我也没有用力打你！”妈妈介入。“真不害臊。家里头苏珊最小，你最大。你非但没有做出大哥哥的榜样，还欺负小妹妹。赶紧跟你妹妹道歉，以后不要再打她！”妈妈斥责哈里的时候，艾伦看得津津有味。“我没打她，妈妈。”艾伦补刀。“我知道，亲爱的。你最乖。哈里，别再惹我生气！你为什么就不能乖乖的？赶紧道歉！”苏珊已经不哭了，下巴顶在胸前，竖着眉头，饶有兴致地瞅着哈里挨训，嘴角得意地笑了。“对不起。”哈里盯着地板，咕哝了一声。“现在一起好好玩，”妈妈警告，“你们是兄弟姐妹，应该互相爱护，不要再打架。”妈妈离开房间。哈里继续盖房子。“就会打小报告。”哈里愤愤不平。“妈妈说你要对我好，因为我最小。”苏珊哼了一声。“去你的！走开。这是我的玩具屋，你们别靠近。”苏珊噘着小嘴，跑出房间。“告吧告吧，小丫头。”哈里在后面冷嘲热讽。苏珊在厨房找到妈妈。“妈妈，哈里不跟我玩，还逗我玩。”眼泪又出来了。妈妈回到小男孩的房间。“我的天，哈里。你到底怎么回事？为什么不跟苏珊一起玩？”“她老是捣乱。”哈里非常生气。“哈里，你太淘气了。给我到厨房里待着，直到你想跟妹妹一起玩为止。”妈妈揪住哈里的胳膊，苏珊正义凛然地看着。妈妈把哈里带到厨房，按在椅子上让他反省。哈里一直低着头，嘴角很不服气。心满意足的苏珊转头找艾伦。“我们去外面玩吧，艾伦？”“好，去帐篷玩。”两个小孩冲出去，纱门砰的一声撞上。

很多时候我们恨不得后脑勺长眼睛。上述案例中，妈妈本可受益匪浅，如果她仔细观察孩子的面部表情。哈里，背着老大的重负，面对小一点儿的“好”弟弟和最小的臭丫头，正在艰难地自我调整。三个孩子的关系因竞争而紧张，随时可能“擦枪走火”。妈妈平息争端的心情不可谓不真切——她把打架的人分开，教育孩子互相爱护不要打架——但适得其反。她偏袒挑衅的一方，不让小孩子被大孩子欺负。可是她的过度保护强化了苏珊的自我认知——作为最小的“宝宝”，可以要求妈妈特别关照。苏珊已经六岁，足以照顾自己，无须妈妈保护。哪怕大孩子真想欺负她，也有能力自保。妈妈认定错在哈里，恰好落入苏珊“打压哈里、提升自己”的算计。只要父母偏袒任何一方，这个跷跷板游戏就不会停止。失势的孩子势必报复得势的孩子。所以，旧争端刚平息，新争端又在酝酿。父母的偏袒势必造成一方得势一方失势。大体而言，装无辜的得势方通常是争端的挑起者，不管其挑衅是公然还是隐蔽。对他们而言，只要可以获得父母的青睐和偏袒，挨一顿揍不算啥。孩子打架的背后是手足之争。对此洞若观火的父母自会明白，任何关于兄弟之爱的道德说教怎么会起作用？相反，道德说教只会让问题更棘手更紧张，因为“必须如何”往往意味着没有能力如何。

妈妈哪怕认真看苏珊一秒，就会获得孩子关系的新洞见。没挨训的孩子脸上总有一种满足感。挨训的孩子失宠了——又一次！苏珊精心挑起了这场纷争（虽然她未必明白怎么回事！），让哈里惹上麻烦。她因地位巩固而激动。苏珊在放声大哭前，跑来跑去寻找妈妈的位置，就是明证。艾伦浑水摸鱼，提醒大家他多“乖”，也是为了稳住自己的地位。哈里发现自己又变成“淘气鬼”的角色。既然他已认定自己仿佛受到诅咒，难以摆脱这一角色，索性就与苏珊干到底。是福是祸逃不过，他知道。妈妈的介入则强化了孩子各自的自我认知，亦即对自身价值的错误认定，所以，孩子非但没有学会不要打架，反而更明白打架的好处。

如果妈妈置身“架”外，充分相信苏珊可以照顾自己，让孩子自行解决纠纷，打架这件事很快就会无利可图。苏珊撕心裂肺的哭叫只是手段，并非真的受伤。如果妈妈不理睬，苏珊就会觉得该手段没用而放弃。

自然，如果父母打架，孩子就会模仿。他们看到父母以打架为手段解决争端，可能就会起而效之。如此，打架作为解决问题的手段，固化为家庭价值，但也不排除孩子反向而行，追求相反价值的情形。

打架与权力之争密不可分。地位平等的人无须借助冲突获得优势，也无须利用胜负解决分歧。可是如果有人觉得自己的地位受到威胁，冲突就会变成权力之争。为了重获受损的地位，势必有人要付出代价。父母偏袒宝宝，反对以大欺小，为貌似“受欺负”的小孩代言，实则强化了他的自卑感，教育他如何以不足和弱点为手段得到父母的特殊照顾，于是问题越搞越大、越陷越深。让孩子自我管理，反倒可以建立比我们强加的更平等更恰当的关系。他们从现实受到教育，逐步学会交际、平等、公平、正义、宽容和尊重。这也是我们的目的。置身“架”外，给孩子空间，就是对他们最大的帮助。

我们可以而且应该，跟孩子好好谈一谈打架这件事，不要指责或说教，一起找到解决问题的方式方法。不过，如果打架还在进行，就不要干这事儿了；因为此刻，任何言辞都没有“教益”或“帮助”，反倒变成战火中的额外武器。

BE UNIMPRESSED BY FEARS

第二十五章 不为恐惧所动

“哦，我五点前一定要回家。”妈妈跟朋友说。“为啥？”“因为我跟贝蒂这么说的。她准会守着窗户等我回家。如果我不能准时回去，她一定很害怕，哭得歇斯底里。”

贝蒂把妈妈训得服服帖帖。就算她抓着马戏团的大铁圈，妈妈也会跳过去。她用真实、压倒一切的恐惧控制了妈妈。她的生活因为恐惧而不幸，而妈妈当然不想增加贝蒂的痛苦。问题是，何以至此？

人类都有情绪。这是我们“行动火炉”的燃料。没有情绪，我们就会优柔寡断，没有方向。情绪会不知不觉强化我们的意图。我们可以选择不同的情绪燃料，以获得不可或缺的助推。不是恐惧“控制”了贝蒂，好比攫住她的幽灵鬼手，而是贝蒂控制了恐惧，进而控制了妈妈。

以恐惧为手段，可能是贝蒂无意间发现的。尝到甜头之后，自然大加利用，精心编织了一张恐惧网。被贝蒂的恐惧缠住的妈妈也难辞其咎，因为她让贝蒂屡屡得手。

我们都有害怕的时候，明白恐惧让人一事无成的道理。这么说来，恐惧应该是我们承受不起的奢侈。其实早有实证，生死关头之际，人类根本来不及恐惧，只有事前或事后，我们的感知和想象被“前途未卜”或“逃过一劫”的想法占据的时候，才会后怕。比如交通事故中，赶紧逃命最要紧，哪里顾得上害怕？反倒是平安之后，才会发抖心悸。由此可见，恐惧非但对避险保命毫无用处，反倒有副作用。恐惧暗含着我们不能控制局面的假定。尚未行动就自我麻痹，难怪一事无成。

我们必须区分“惊吓”和“恐惧”的不同。巨响或跌落可能会吓到孩子，但这只是短促、暂时的反应。恐惧作为情绪，则是第一次“惊吓”连绵不断的延续，因为父母也被吓到，自然容易被孩子的恐惧心理一再感染。

突然面对陌生新鲜环境的孩子受到惊吓，通常有几个选择。他可以停下来等待，观察大人反应，或者干脆逃之夭夭，甚至利用恐惧。

十六个月大的马克跟妈妈到朋友家做客，平生第一次见到狗。面对这个陌生的移动体，马克抱着妈妈不放。身边的大人过分关心：“它不会伤到你的，马克。瞅见没？来，摸摸它。它喜欢你。别害怕。”诸如此类。

马克迅速评估了环境，不确定应该怎么办，加上大人的反应，他选择利用恐惧，以掩盖他的窘迫，让大人继续对他过分关心。而这很可能是马克平生第一次利用恐惧。大人在这些意外时刻的口气和行为，比如过分焦虑、吱吱乱叫、乱作一团，极大地促成了恐惧的延续。只要稍微表现出害怕，就可以让大人这么手忙脚乱，真是蔚为大观。这还是刚开始。更加强烈的恐惧还会带来大人更加夸张的呵护甚至特别关照，比如抱起孩子抚慰。这就是恐惧，本非我们天性所愿，却被孩子变成驱使大人的利器。

孩子天生就是演员，经常面对观众表演，而且百无禁忌，因为不晓得行为的后果。对这些后果的感受越深，孩子自然而然就越会“打幌子”，直至变成老于世故的大人。大人都有很多羞于承认、不被社会接受的意图，孩子哪管社会接不接受，容易无拘无束、放浪形骸。碰到出乎意料的新状况，他们往往按兵不动，审时度势，观察大人的反应，再决定自己怎么办。身边的大人向马克指明，他们希望他害怕。他就迎合他们，把他们搞得团团转。

妈妈大可相信马克应对新体验的能力，高高挂起，给马克应对的空间。不用操心马克如何应对，甚至越俎代庖，“安排”马克如何应对。让马克自行解决问题。如果他表现出恐惧，妈妈可以完全不为所动。适得其反，妈妈怕马克害怕纯属瞎操心，促成了她本想避免的结果。反之，如果马克的恐惧不能打动妈妈，这一招就不管用。

有时候，可以利用恐惧，达到戏剧化的惊吓效果。

五岁大的玛莎本来不怕蚱蜢。可是有一天，一只非常大的蚱蜢跳到她身上，吓了她一大跳。她惊声尖叫，拼命掸蚱蜢，反倒把它赶到衣服里。这当然不舒服，所以她又尖叫连连——但更多是因为受到了九岁哥哥的嘲笑。她越想把蚱蜢赶走，哥哥就越觉得滑稽，而她因为生气也叫得越起劲。妈妈从家里冲出来，脸色煞白，被尖叫声吓到。

当天晚上，哥哥双手合拢，跑过来找她："送你一样东西。""啥？"哥哥张开手，跳出一只蚱蜢。玛莎一声惨叫，吓得爸爸妈妈都跑过来。他们既严厉批评哥哥，也责备玛莎傻了吧唧。后来，玛莎见到蚱蜢还是会尖叫。但她心里明白，并非她真的那么怕蚱蜢！而是她的恐惧更吓人。

父母责备玛莎纯属徒劳无益，反倒更坚定她继续恐惧的念头。对她的尖叫声，如果他们不为所动，她的恐惧就失去意义。

四岁大的本尼在圣诞树下玩电动火车。突然往后一动，叫了起来。原来有个地方接触不好，电了他一下。坐在一旁的妈妈明白咋回事后，赶紧抱起来安慰他。“没事儿，宝贝。被电了一下而已。有个火车零件接触不好。等爸爸回家了，就给你修。”

那天晚上爸爸就给修好了，但本尼不想再玩火车，总是往后缩，很害怕的样子。每回爸爸想让他过来操作火车，他就埋头抱着妈妈大腿。后来，爸爸妈妈交换了一下眼神。妈妈轻轻摇头，爸爸点点头表示同意，不管火车的事儿，坐下来看晚报，也不多说一句话。本尼还是不敢靠近火车。两天后，爸爸把圣诞树装饰连同火车都给拆了，小心收在箱子里。本尼全程一言不发地看着。不过，睡觉前他噘着小嘴说：“爸爸，我还想玩小火车！”“明天我们就给你拿出来，本尼。现在，你想听什么睡前故事？”

本尼被电了一下不愿再玩火车，实属正常不过。爸爸妈妈也理解。但后来本尼还是抗拒，哪怕爸爸修好了火车，而且恨不得让大人跟他一起担心害怕，爸爸妈妈就不奉陪了。所谓“无帆不起风”。他们知道本尼还小，不能理解电学原理，也不想对他不明白的道理多费口舌解释，以克服他的恐惧。于是，本尼就没招了。爸爸把火车收起来，本尼突然觉得自己还想玩，可见，恐惧这招他完全用不上。爸爸既不说他蠢，也不教训他，只是平静地接受儿子的反应，把火车收起来。本尼说他还想玩，爸爸答应明天就给他取出来，并且转移了话题。

妈妈想帮三岁的玛西亚克服对黑暗的恐惧。她给孩子盖好被子，打开过道灯，关掉卧室灯。“妈咪，妈咪！”玛西亚吓得直叫唤。“没事儿，宝贝，”妈妈安慰她，“我在。没什么好怕的。瞧，妈妈在。”“可是我想卧室灯亮着，我怕黑。”“过道灯亮着呢，宝贝。妈妈也在。”“你不走？”“不走，坐到你睡着为止。”玛西亚经常起身看妈妈在不在，过了好久才睡着。

妈妈以为关掉卧室灯可以让玛西亚逐渐适应黑暗，却不明白玛西亚利用恐惧让妈妈一直陪着、为她忙活的心眼儿。

表达恐惧的孩子往往很有说服力。在我们眼里，他们如此弱小无助，生活对他们来说真的很吓人。不过，如果明白孩子行为背后的意图，我们就会发现，长此以往，我们非但没有帮到孩子，反而让他们越发娴熟，利用恐惧控制我们。

妈妈可以关掉卧室灯，打开过道灯，给玛西亚盖好被子，不回应她的恐惧，说一句鼓励她的话——比如“慢慢你就不害怕了”——就离开。玛西亚如果叫唤，妈妈可以不理睬，假装她已经入睡。

要做到这些，妈妈必须抛弃“孩子受苦，妈妈不理，惨无人道”的普遍看法。我们往往抑制不住，很想抚慰受苦受累的孩子。然而，如果我们意识到这么做实则增加了孩子的痛苦，因为孩子额外得到了我们的充分关注和同情，就会明白这种做法不可取的道理。

如果孩子对生活只有恐惧，谈何解决难题？恐惧不会增加而是会削弱孩子应对困难的能力。孩子越害怕，越可能碰上危险。但不得不说，恐惧真的是获取关注、让大人忙活的绝妙手段。

教育孩子小心警惕潜在的危险很有必要，但谨慎和恐惧完全不是一回事。谨慎是合理、勇敢地承认潜在的危险，恐惧则是沮丧、放弃。自然，我们必须教育孩子过马路要小心、不要理睬陌生人的关注、枪支是致命的武器和玩具、泳技不够不要跑到深水区游泳等道理，但不能吓唬他们，而是让他们明白自己的局限，学习如何应对貌似困难或危险的情境。恐惧让勇气枯竭，本身就是莫大的危险。对于孩子，恐惧却另有妙用。如果父母不理睬孩子的恐惧，他们就无技可施，双方都可免于由恐惧而来的苦恼和折磨。

打从曼弗雷德记事起，妈妈就跟他讲分娩以及手术的各种痛苦。三个月前，医生发现曼弗雷德大腿有一个骨瘤，必须手术摘除。获知必须手术后，曼弗雷德吓得又哭又叫。三个月来，他各种哀求，甚至歇斯底里，宁肯死于骨瘤也不手术。妈妈千方百计安慰他，但无济于事。手术那天，医院如临大敌，费尽九牛二虎之力，想控制小男孩。可是他实在非常害怕，术前镇静剂的常规用量根本不管用。

痛苦是生活的一部分，谁也没办法免于痛苦。妈妈跟孩子或朋友讲述那些英雄事迹，可能是为了炫耀。但曼弗雷德对真实的疼痛没有什么体验，仅凭想象建构了对手术的看法，而与现实相去甚远。而且，跟妈妈不一样，他可不想做什么英雄！面对迫在眉睫的真实疼痛，他未经训练，不能勇敢接受。妈妈对他的恐惧又极其同情，因为她很明白他对手术的“恐惧”。所以，她非但没有帮到儿子如何应对不可避免的困境，为了安慰他，反而不知不觉间助长了他的恐惧。

没有父母愿意看到孩子受苦。可是，人生难免痛苦。勇敢的孩子反而更少痛苦。恐惧放大了痛苦。受苦的人越是抗拒越是痛苦。我们必须帮助孩子学会接受痛苦和苦难。对孩子的恐惧大惊小怪，只会让他们更胆怯更害怕。

有三个“狂野小骑士”的牛仔爸爸训练起孩子的勇气来很有一套。每逢孩子向他展示碰伤、擦伤或不论什么皮肉伤，他总是说：“呸！这算啥。要我说，还不够疼。别担心。总会好的。”有一天，他六岁的儿子被一头难驯的小马驹摔下马背。小孩愣了一下，直晃脑袋。爸爸溜过篱笆，若无其事地溜达过来，查看伤势。小男孩试图站起来，但疼得龇牙咧嘴，伸出手臂查看。显然骨折了。“看起来像是骨折了，儿子。”“别担心，爸爸。总会好的，虽然有点疼。”随着惊吓感退去，疼痛越发强烈，小男孩忍不住哭出来。“不疼才怪，儿子，甚至疼得让人想哭。先用吊带吊着你的胳膊，我带你去看医生。”爸爸用头巾做了一个吊带，轻轻放入骨折的胳膊。一动胳膊，小男孩疼得大声尖叫。“是，看来伤得不轻。”他把小男孩扶起来，可是没走几步，小男孩的身子就开始摇摇晃晃。爸爸赶紧扶住险些晕厥的孩子。过了几分钟，脑袋不晕了，小男孩又哭。“好疼，爸爸。不过总会好的，对不对？”“那是当然，儿子。疼痛总是暂时的。现在你是名副其实的‘狂野骑士’了，对不对，儿子？”

MIND YOUR OWN BUSINESS

第二十六章 少管闲事

亚瑟号啕大哭，跑进厨房。“妈妈，爸爸打我！”他抽噎着说。妈妈停下手头的活计，搂着儿子安慰他。“咋回事？”“他说我顶嘴，然后打我。”“知道了，亲爱的，我来处理。现在，别哭了。”等亚瑟平静下来，妈妈去车库找爸爸。夫妻俩激烈口角，妈妈直言（第100次）不相信体罚管用，爸爸则明确表示，亚瑟是他的儿子，他只是让亚瑟把自行车收好，没想到他出言不逊。亚瑟站在一旁尽收眼底。

任何两个人的关系与他人无干。亚瑟与爸爸的关系也是如此，妈妈无权施加影响甚至试图控制。最多，儿子跑过来告状的时候，妈妈可以说：“对不起，亚瑟。如果你不喜欢爸爸打你，或许你可以自己想办法避免。”稍后，等冲突平息后，妈妈可以跟亚瑟讨论，帮助他弄明白如何避免挨揍。妈妈要切记不能偏袒任何一方。就目前状况而言，亚瑟对父子关系还算满意。一家三口的配合堪称默契。如下我们将逐一检视三方行为，证明这么说并非没有道理。

亚瑟很善于挑拨父母关系。妈妈显然是家里的厉害角色，试图联合儿子制服爸爸。亚瑟聪明地利用父母之间的分歧让自己受益。他深信妈妈一定会支持他保护他援助他，挫败爸爸的企图。虽然亚瑟善于操纵父母达到目的，但他的成长失之平衡，在局面对己不利的时候寻求保护，而不是主动培养应对逆境的技巧。妈妈未能识破亚瑟的心机及其扭曲的自我认知，不免落入他的陷阱。爸爸决心扭转妈妈对亚瑟的纵容，一受到挑衅就打亚瑟。妈妈决心掌控全局，迫使爸爸服从她的体系，于是数落爸爸。说到底，亚瑟才是赢家。母子联手让爸爸丢脸，父子联手让妈妈卷入，夫妻对垒以证明谁说了算。

如此家庭生活远非和睦，亚瑟也学不到尊重别人尤其是爸爸的道理。当然，没人喜欢挨揍。但亚瑟为了打压爸爸、赢得妈妈的支持，不惜挨揍。妈妈不认同体罚，自然不喜欢亚瑟挨揍，屡次想借机控制丈夫。妈妈应该少管闲事，更别想独揽大权。她有权认同体罚孩子不对，可是她没有权利吩咐丈夫如何对待儿子。这是他们父子的事，她无权控制。

很多人可能觉得难以理解。我们不是一直提倡善待孩子吗？没错，某种意义上确实如此。可是，到底什么是“善”？除非找来一个“威权”认定，否则只能众说纷纭，可是民主社会的家庭没有这样的威权。此外，既然我们认同孩子的创造力以及他们有权利自己做决定，我们就会发现，某种程度上，孩子受到什么对待是他们“咎”由自取。因而，我们有责任明了全局、弄清孩子的目的、协调家庭关系。在此基础上，我们才可以而且必须训练孩子学会服从秩序，鼓励他们顺应现实所需，与人合作。唯有如此，才可以促进孩子的良好行为。

自然，父母作为独立个体，对很多事情看法不一。如果他们可以就如何养育孩子达成一致，当然最好，但并非非此不可。孩子会在所处环境内自己拿主意，决定接受什么排斥什么。因为孩子主动参与任何关系，哪怕父母达成大体一致的原则，对待每个孩子的方式也不一样。所以，虽然爸爸妈妈、爷爷奶奶或其他亲戚对待孩子的方式各异，孩子并不会觉得困惑。大体而言，他很懂得如何从每个关系中获取最大收益。

另外，我们会发现存在着另一种奇特的关联，一方面，妈妈相信自己与孩子相处的能力；另一方面，又怨恨孩子被别人另眼相待。她对自己与孩子相处的能力越是不自信，就越是确信别人应该如何对待她的孩子。一旦她可以更有效地促进孩子的良好行为，对别人如何行事反倒不那么在意了。对她而言，他们只是总体情境的部分现实而已。

七岁大的埃丝特是独生女。奶奶对她百依百顺，一有机会就送她很多礼物。爸爸妈妈送礼物则遵循合理适当的原则。复活节时埃丝特收到奶奶6个礼物，生日时5个，圣诞节时10个。爸爸妈妈送的礼物，她开开心心地打开和致谢，自然而然很喜欢。可是打开奶奶的最后一个礼物后，她却抱怨："只有这么几个吗？"几天后，妈妈发现埃丝特用红色蜡笔在台历上醒目地标出了每个可能收到礼物的日子。女儿这么"拜金势利"，妈妈很担心，就跟爸爸商量，让他跟奶奶说，最好每次限制给孙女的礼物数量。爸爸认为妈妈的要求匪夷所思，表示拒绝。二人爆发激烈争执。妈妈认为奶奶把孙女完全宠坏了。

可怜的妈妈。她完全不相信自己对女儿的影响力，却看到与现实不相称的危险。因为爸爸妈妈给礼物比较合理，埃丝特对他们并未表现出贪欲，只对奶奶。妈妈不能控制奶奶的行为，这跟她没关系。奶奶与埃丝特的关系是她们俩的事儿。如此情境，如果家里形成交换礼物的友好气氛，自会抵消奶奶的慷慨大方，妈妈也犯不着担心。为此，孩子必须明白给予和接受一样重要的道理。不论生日、圣诞节还是情人节，也送奶奶礼物，如果是自己做的礼物，更好。其余的，妈妈应该少管闲事，让埃丝特自己和奶奶去维护关系。

孩子的生活环境里除了父母，还有其他大人。爷爷奶奶、外公外婆和其他亲戚是孩子最初最亲密的联系，之后才是邻居、父母的朋友、老师以及更广的社区朋友圈。而这些人对孩子的影响，父母根本无从控制。然而，一旦孩子受到不良影响，我们很容易严阵以待，反对相关人士，希望减少甚至消除他们对孩子的不良影响，但徒劳无功。孩子无须我们额外保护，免受不良环境影响，更无须我们人为安排环境。他们需要的只是引导。相比孩子受到的环境刺激，他们如何应对更重要。

孩子亦是独立个体，会跟每个密切接触过的人建立个人关系。不妨让他们广交朋友，增加人际经验，以学习如何理解和评估他人。如何留意机会，让孩子适当评价他人，则是我们的责任。与（外）祖父母的关系是如今家庭冲突的主要诱因。这个事实表明了我们日益摒弃传统的文化变迁。新一代父母信守截然不同的育儿理念，厌恶长辈干涉。但是如果强求长辈与他们一致，势必破坏代际关系。此时父母可以选择避免冲突，跟长辈说一声“你说得有道理，我会认真考虑”，然后自行其是。没有不喜欢孙子辈的爷爷奶奶外公外婆，但他们处于拥有所有特权又不用承担育儿责任的位置。对长辈的“溺爱”表示不安的父母其实过于悲观，怀疑自己对孩子的影响力。花费精力“矫正”长辈的溺爱可谓无的放矢、徒劳无功，只会增加紧张和龃龉。孩子和爷爷奶奶的关系是他们自己的事儿，但我们可以引导孩子应对。爷爷奶奶的溺爱可能会让孩子觉得，他有权利要什么有什么，任何反对者都是敌人。所以，我们必须帮助孩子改变想法，进而防止爷爷奶奶让孩子形成不正确的人生观和权利观。

六岁大的博比去爸爸家——跟妈妈离婚后再建的新家。回来后，鼻子上有个血斑，妈妈赶紧问咋回事。“她打了我一巴掌，鼻子流血了。”“为啥打你？你干啥了？”“给她读书。”“那她为啥打你？”“因为有个难字我不懂。”妈妈暴跳如雷。那个女人有什么权利打她儿子巴掌！那天晚上她很愤怒，给前夫打电话，第二天又给律师打电话。闹得沸沸扬扬，但没有什么实质性结果。

在如今错综复杂的家庭关系里，上述案例并不罕见。离婚再婚的复杂状况不仅让孩子也让大人发蒙。以前导致离婚的旧恨再添新仇，而孩子很多时候并非无辜的旁观者。他们往往浑水摸鱼，操纵一个反另一个。为了博取同情和特别“慰问”，不难想象孩子刻意挑拨的情形。所以妈妈一定不要误入陷阱，过度夸大。如果博比不再制造麻烦，如果妈妈不对他的遭遇过度回应，博比没准可以跟爸爸的后妻处得更好。妈妈还可以劝博比乖乖的，免得挨揍。“你自己选，博比。我相信你一定有办法，不给自己也不给别人惹麻烦。”

邻居上门投诉，说帕特故意撞车，导致他儿子摔下自行车受伤。（两男孩都是九岁大。）愤愤不平的邻居想让爸爸惩罚帕特：“别再继续打架，每次都是帕特先挑衅！”“对不起，让你为难了。可是你不觉得，小男孩打架是他们自己的事儿吗？”邻居愣了一下，问道：“你这话什么意思？”“我的意思是，我不想控制帕特跟他朋友们的关系。如果我们放手不管，两个小男孩会自己处理好关系的。”“可是受伤的总是埃迪。帕特总想伤害他。我实在忍无可忍。”爸爸忍不住想笑，因为埃迪比帕特更高更壮。“帕特好几次也是受伤回家。我的意思是，如果我们少管闲事，小男孩觉得受伤没啥劲，可能就不打了。”“我觉得，是时候好好管束你们家小孩了。”“除非我禁锢他或者每时每刻跟他在一起，否则我不知道如何让帕特不打架。我不觉得这样子对帕特有什么好处，也不能让他学会如何跟别的小朋友好好相处、解决争端。当然，我会好好劝劝帕特。就这样。”

邻居离开后，在另一个房间听到全程对话的帕特进来，半是神气半是忐忑。父子俩互相观察半天。爸爸不吱声。“哦，当时他在路边骑车——”“我不想知道细节，帕特。我只想知道，你和埃迪啥时候不打架。他的家人好像很生气。”帕特淡淡一笑。“没准你和埃迪可以找到其他乐趣。这是你的选择。让我们拭目以待。”

现实生活免不了与他人接触。我们的责任是帮助孩子拥有应对现实的正确态度和有效方法。埃迪的父亲试图控制或修正现实，非但不能帮到埃迪，反倒让他误以为凡事可以“拼”爹，而他自己无须学习社会参与的能力。相反，帕特则要负起人际关系的责任。但爸爸并非说教，而是建议帕特重新评估方式方法，或者转移兴趣。

马达琳跟妈妈告状：“我讨厌凯斯老师。她不仅笨，而且不公平。”“咋回事，马达琳？”“哦，她总是当着全班同学的面取笑我，总是恶声恶气说我不会拼写，从不叫我回答问题，哪怕我举手了。今天她还拿着我的拼写试卷，在全班大肆宣读我的错误拼写。真想杀了她！”马达琳越说越生气越羞愧，忍不住哭出来。妈妈火冒三丈：“明天我就找她去，马达琳。她怎么可以这么对待孩子？”

妈妈说得对。孩子不能通过羞辱学习。然而，妈妈试图“教训”老师的想法恐将无功而返。她对老师的愤慨只会火上浇油。真相是，马达琳也要负起挑衅老师的一部分责任。对老师别着肩头或垂下眼睛显示出她对“笨老师”的蔑视。

无疑，马达琳和老师的师生关系很紧张。但妈妈的责任不是改造老师，而是帮助女儿弄清楚师生关系紧张的原因，提供行为建议，让她在学校更好过。委婉地让马达琳意识到自己也有责任，不要太直接，否则只会更糟。“学生不喜欢老师，你觉得老师会开心吗？”或者，“换作你是老师，你的学生讨厌你，你怎么办？”或者再直接一点儿，“凯斯老师或许有点笨，就像你说的。我不知道。不过，没有人可以拥有最好的一切。我们只能随遇而安，善加利用。如今这个样子，我确信一定让你很不舒服。那么，你可以做点儿什么呢，让自己舒服一点儿？”

妈妈没有质疑马达琳对老师的评价，因为这会导致逆反心理，使得孩子为自己辩护。如果妈妈偏袒老师，就会招致孩子对抗；如果妈妈偏袒马达琳，无疑在支持她对老师的挑衅。承认现状让马达琳不舒服，开诚布公讨论问题，没准有助于马达琳更加合作，进而缓解她的不适。

独生子哈里功课不佳，家庭作业从不主动。每天吃过晚饭，都要爸爸盯着做作业。每门课爸爸都要追问他。结果，父子关系经常破裂，儿子号啕大哭，爸爸怒火中烧，但哈里的功课并没有多大进步。

确实，爸爸每天晚上都在教育孩子，哈里则抱定谁也不能让他好好学习的心态。只要爸爸一味坚持儿子必须功课好，锲而不舍地“帮”他，哈里的功课就恐怕难以好转。

难道爸爸不应该少管闲事？毕竟，学习是哈里而不是爸爸的事。

不少老师迄今仍会要求父母帮忙盯着孩子的家庭作业。如果我们就此与孩子硬碰硬，就会陷入权力之争。反之，如果我们与孩子商量，一起制定完成家庭作业的时间表，并敦促他们遵守，也许反倒可以提供必要的激励。

如果孩子还是有困难，我们可以请一个家庭老师。父母亲自充任家庭老师的做法值得商榷，哪怕父母一方的职业是老师，因为孩子不爱学习、不担责任、不做作业的现象，往往说明亲子关系已经很糟糕。孩子可能在抗拒父母的压力——父母过度涉入、不能忍受孩子不学习的压力；而这可能是因为父母过度焦虑孩子的前程，或是希望孩子明白他必须承担学习的义务。无论如何，父母进一步施压只会加剧权力之争。如果我们抽身而退，给孩子找一个家庭老师，让孩子明白如果他不想好好学习没有人可以强迫他的道理，或许是对孩子最好的帮助。“学还是不学，那是你自己的事儿。”

学音乐的孩子往往也有类似问题——不喜欢练习。很多小孩喜欢演奏乐器，但都希望不劳而获！父母的干涉和施压则让美妙音乐的享受变成令人憎恶的苦差。所以父母还是少管闲事。激励孩子练习，那是音乐老师的事儿。

少管闲事并非把孩子完全扔给乐器或老师。我们可以提供鼓励——不是通过施压或批评，而是创造环境，让孩子为一些成人或孩子听众演奏，甚至可以安排机会让孩子跟别人演奏。由此，让孩子感受到音乐的妙用，而不只是可憎的枯燥练习。

总之，我们必须分清什么是孩子、什么是大人的事儿，让孩子自己负起责任。

妈妈和南希一起讨论零花钱的事儿。因为丈夫早逝，妈妈独力支撑家庭。给南希的零花钱充分考虑到她的各种需求：午饭、交通、文具、看电影、课后点心。一天南希跟好闺密一起回家，妈妈发现两个姑娘都戴着新的手镯，就问南希哪来的。“我用攒下来的零花钱买的。”妈妈没有多言。但南希的闺密一离开，妈妈就开始指责南希，说她辛辛苦苦支撑这个家，自己舍不得买任何东西，给她省出足够的零花钱，妈妈很伤心，因为南希用零花钱买的手镯不在她们约定的消费清单里。

妈妈试图控制南希的一切，包括怎么花零花钱。可是父母给了孩子零花钱，那钱就跟他们没关系，孩子可以爱干吗就干吗。南希为了买手镯，无疑是节省了其他用途的费用，这是她为自己喜欢的东西做出的牺牲。妈妈可以换位思考，如果朋友强迫她应该如何如何花钱，想必她也不会开心，觉得朋友多管闲事。同样的道理，以及出于对南希的尊重，妈妈也不该多管闲事，让南希怎么合适怎么花。妈妈只有维持零花钱的数目不变这么一个责任，如果南希大手大脚花钱导致零花钱不够用，妈妈也不能贴补。

当然，如果我们发现孩子的价值观有问题，可以跟他友好协商。但是不要批评指责，否则只会适得其反，让孩子更加固守他的价值观。委婉一点儿的说法——比如，“你有没有考虑过……”或者“如果大家都这么觉得，你怎么看”——可以开启友好讨论的由头，又不会刺激孩子反抗和拒绝。尽可能呈现所有可能性，哪怕有些我们并不认同，这一点很关键，因为客观是任何真实评估的基础。由此，我们可以跟孩子一起发现那些不论对现在还是对未来都有极大助益的价值。

第二十七章 拒绝怜悯 DON'T FEEL SORRY

怜悯，哪怕无可非议或情有可原，都是有害的。

七岁大的克劳德对生日那天的野餐会和干草车出游非常兴奋，因为难得有这种乡下远游的机会。妈妈跟他详述了整个计划。共有十八位来宾，包括另外两个帮忙开车的妈妈。生日一天天逼近，克劳德和其他小朋友的期待与日俱增。生日那天醒来，天空却乌云密布，吓得克劳德赶紧跑去找妈妈。“不会下雨吧，妈妈？我们还去吗？可以的，对不对？”妈妈也很担心，害怕让孩子们失望。没错，她是未雨绸缪，跟农场主谈过“延期”的安排。可是延期的话，就不是克劳德的生日了，孩子往往很在意这个。她尽量安抚克劳德：“哦，应该一会儿就放晴了，儿子。等等看。”克劳德压根没心思吃早饭，整个上午都守着窗户。原本预定下午两点出城，可是中午就开始淅淅沥沥下雨，到了两点半，倾盆大雨。显然，计划泡汤了。克劳德哭得心都碎了。可怜的孩子——妈妈反复在心里嘀咕——该有多失望。她轻轻搂着克劳德。“亲爱的，我知道你的感受。我也很难过。让你失望了。只要不下雨，让我干啥都行。可是老天不作美。我们可以明天再去。农场那边答应了。”“可是明天不是我生日！今天才是。我就是要今天！”“我知道，亲爱的。真是的，偏偏今天下雨。”“老天对我不公，不公平。啥事都不顺心！”“宝贝，别哭了。我真的爱莫能助。”克劳德伤心欲绝，说啥都没用。妈妈难过得要掉眼泪。

克劳德其实大可不必如此。孩子对大人的态度——哪怕没有公开表现出来——极其敏感。因而，如果我们可怜孩子，他就会觉得有权自怨自艾，徒增烦恼。面对困境非但不能有所作为，反而更加依赖别人的可怜，等着别人前来抚慰。在此过程中，越发丧失接受现实的勇气和意愿。如此人生态度甚至会伴随终生，使得孩子深信这个世界对他亏欠太多，凡事指望别人而不是自救。

生日派对不能如期进行让克劳德备受伤害。他可能会变成一个“伤害收集器”。妈妈的假定——小小年纪就受此重创——让小男孩更有理由这么认为。哪怕派对可以缓一天搞的事实也安慰不到他，好像这场暴雨毁了他的整个人生。

妈妈觉得克劳德承受不了失望，也是对儿子的不尊重。在她看来，儿子过于柔弱无助，难以直面生活。她的看法反而助长了克劳德错误的自我认知。

拒绝怜悯，孩子才可能学会随遇而安。

妈妈其实可以一开始就打预防针，让克劳德不那么失望。跟儿子讨论计划的时候，她可以立刻提出当天下雨的可能性，如果这样，生日派对延后一天进行。妈妈对天气偶然性的接受，马上就会传递给克劳德，将来果真如此，他也不至于那么失望。生日那天下雨他当然可以不开心。但是天气不由人定，克劳德必须接受。如果妈妈一味同情难过，反倒帮不到克劳德。

九岁大的露丝因小儿麻痹症住院几个月才回家，需下肢配装支架、借助腋杖才能活动。理疗科的人花了很多时间，努力教她学会自力更生，借助器具走路。医护人员除了指导妈妈如何照顾露丝，还再三坚持应该让露丝自立。可是女儿的不幸遭遇让妈妈痛苦至极，恨不得凡事都替她干，露丝也巴不得如此。她只要抽泣一声“太难了，我做不到”，妈妈就会跳出来支援。因为行走实在艰难，露丝日益离不开妈妈。成天坐轮椅，不愿意走路。双手也很不灵光，吃饭要妈妈喂。就这样，妈妈几乎每天二十四小时都花在女儿身上，事事代劳，希望以此补偿生活对女儿的摧残。她不是没有苦求露丝多走路，可是女儿一声“疼”，就会让她放弃，嘀咕说“可怜的孩子，多么不幸”。爸爸尽量多鼓励露丝，可是拗不过妈妈，还被责骂对女儿“要求太高”。两人为此当着露丝的面吵个不停。露丝跟爸爸日益疏远，越来越依赖妈妈。不过一个月工夫，露丝就从刚出院时的爱笑、勇敢、自主变成任性、苛求、无助的残障人。妈妈带女儿到诊所回访，医生发现露丝的状况一天不如一天，建议再次住院。妈妈悲痛欲绝，而且对理疗师的“强硬”——认为露丝凡事拒不配合——大发雷霆，坚决不让女儿住院。爸爸此时介入，跟医生协商后，坚决让女儿回医院。此后，为了扭转妈妈的怜悯对露丝的副作用、让露丝重回正轨，大家不知道费了多少努力、理解和坚持。妈妈也在看过心理医生后，才认识到她的怜悯反而害了露丝，使其病情倒退。后来，妈妈和露丝都取得了可喜的进步，慢慢学会如何化悲剧为动力。

由于先天身患残疾的小孩，不论耳聋、眼盲还是肢残，很容易惹人怜。这是人之常情。可是这么做，对孩子无异于雪上加霜。相反，残障儿童展现出的勇气以及他们克服残障的技巧，时常让医护人员——他们非常明白怜悯的危害——叹为观止。父母和亲戚误入歧途，他们劈头盖脸的怜悯，往往让很有进步的残障儿童一蹶不振，这种现象医护人员实在见过太多。但医护人员的坚定经常被父母指责为严厉、没有同情心甚至残忍。由于受过专业训练，他们一般不会感情用事、怜悯孩子——虽则长时间照顾孩子难免日久生情，而是激励孩子为每个成就自豪。

五岁大的佩吉因发烧和不明症状病得很重，住院观察治疗。除了担心，妈妈还很不甘心，觉得自己的孩子怎么会摊上这种不幸。给药只能通过注射，还要血管采血。佩吉虽然神志不清，每次扎针还是会哭。妈妈就大声抗议，觉得这么对待病儿很残忍。她对佩吉越发同情。后来医生做出诊断、制订了合适的治疗方案，佩吉每日见好，终于可以回家。康复过程很缓慢。妈妈几乎无时无刻不在身边，恨不得事事代劳，以弥补女儿身患顽疾的不幸。佩吉一天天好转，对妈妈越来越苛求。妈妈则因为长期照料、缺眠少觉而精力不济，越来越不耐烦，有一天终于大发脾气。大惑不解的佩吉吓哭了。“我病成这样，你怎么可以这么对我？”妈妈后悔自责，从此更努力更耐心地呵护佩吉。

佩吉沉溺于妈妈的怜悯不能自拔，进而自我怜悯。妈妈因为发脾气心里有愧，再度屈从于女儿的过度要求。这是一个恶性循环。

孩子生病最让我们难过。当然，病儿需要我们的照顾和体谅，因为他们还不能自立，但我们的态度必须小心谨慎。可怜小病儿的诱惑最难抗拒。但是，很不幸，我们不能让孩子永远不受苦，这是人生的一部分。充其量，我们只能在他生病的时候满足他的需求，帮他忍受病痛，教他如何应对困难。生病的孩子，相比健康的孩子，更需要我们在精神和勇气上支持他们，更需要我们的理解和同情。生病最容易让孩子沮丧，深感弱小和无助。这个时候可怜他们只会让他们更沮丧，降低他们的抵抗力，消耗他们的勇气。可怜意味着恩赐，而不是鼓励。有技巧的妈妈在对孩子表示最大善意的同时，也会坚决拒绝超出现实允许、让孩子更感无助的行为。康复阶段对母亲和孩子都很难。以同情和勇气代替可怜和殷勤更有助于孩子康复。

三岁的桑德拉开心地玩着新秋千。五岁的梅莉，一出生就被邻居家收养的孩子，兴冲冲跑过来，把桑德拉推倒在地，强占了新秋千。桑德拉从地上爬起来，打了梅莉一下，跑去玩另一个秋千。妈妈站在厨房窗户边默默观察。桑德拉刚在另一个秋千坐定，梅莉又跑过来抢。两人越吵越大声。梅莉的妈妈赶紧跑过来劝架。她先让梅莉选秋千，扶她坐好，推了起来。可是梅莉又改变心意，想要桑德拉的秋千。妈妈好不容易说服桑德拉交换，又帮梅莉推。想帮桑德拉推的时候，被桑德拉拒绝："我可以自己来。"桑德拉的秋千一动起来，梅莉又想换秋千。她妈妈又说服桑德拉同意。桑德拉的妈妈实在难以理解，就跑过来问："为什么你凡事都要顺梅莉的心意？""哦，可怜的孩子！我从不拒绝她。她一出生就很不幸，我做什么都难以弥补。”“一出生就很不幸，什么意思？”梅莉的妈妈扭头抽泣：“哦，她是私生子，你不知道嘛。”

梅莉的妈妈把自己当作乐善好施、拯救可怜私生子的女主人。即便如此，她仍觉得，不论如何溺爱，都不足以补偿梅莉被毁的人生。

不难发现，梅莉的妈妈完全不切实际。她对养女的怜悯非但无益甚至有害。梅莉的人生果真被毁，那也不是因为她的私生子身份，而是养母的错，因为她的溺爱让梅莉难以有所贡献和作为。除非自我觉醒，否则妈妈的态度也是她的人生观：“我很不幸。这个世界必须补偿我。”

养父母很容易落入怜悯的陷阱。就此而言，他们也很可怜。养女（子）需要克服的人生障碍不见得多于亲生子女，除非养父母为他们额外增加了怜悯的障碍。刚出生的孩子哪有能力分辨收养和亲生的区别，他们对身边人的感知完全一致。为了适应生活，养女（子）无须任何“特殊”待遇。觉得自己比别人“特殊”的孩子往往会习得错误的价值观，对自己有错误的期待。其实，他们需要的尊敬和关爱跟亲生子女完全没有两样。

时机合适的时候，养父母可以用漫不经心或自然而然的方式，让孩子知道他们是被收养的。如果孩子想确切知道这是什么意思，他们可以如此解释：这个世界上有养不起孩子的父母，反过来，也有养得起、但不能生孩子的父母。所以，宝宝可以换个地方生活，难道不是很幸运的事儿吗？

对这个难题随意但愉悦的回答，可以消除孩子的扭曲印象。除非养父母自己过不去，否则孩子不会觉得收养是问题。

九岁的邦妮、七岁的杰基、六岁的克莱德跟玛丽安阿姨和两个表亲——八岁的弗里达、五岁的比尤拉——一起住，因为妈妈住院了。爸爸每天跟他们吃过晚饭，就去医院照顾妈妈。有时候玛丽安阿姨也去，亨利姨夫就用游戏和故事逗大家开心。玛丽安发现自己容易精神紧张，部分是因为家里突然多了三个熊孩子，部分是担心跟她关系很密切的姐姐。大人知道姐姐得了癌症，不容乐观，但他们尽量不让孩子知道病情。一年半前，姐姐就住过一次院，后来出院回家了。每当孩子问起妈妈啥时候回家，大人总是开心地回答：“快了，马上。”但他们觉得不对劲，也发觉爸爸跟玛丽安阿姨焦虑的眼神和低语。因为不理解和心烦意乱，他们变得任性、焦躁和不安。邦妮尤其想念妈妈的关爱，对事态的了解也比别人更多。因为年纪最大，玛丽安阿姨有时候请邦妮帮忙照顾其他孩子，负起大姐姐的责任。邦妮还算乐意接受，但变得很爱发号施令，惹人厌，使得家里更是乱糟糟。

妈妈终究还是去世了，大人隐藏不住悲痛，但必须有人告诉孩子实情。爸爸让三个孩子跟他独处，玛丽安则跟她的两个孩子说。玛丽安伤心得近乎歇斯底里。爸爸把三个孩子召集起来，强忍住悲痛说："孩子们，有一件大事必须告诉你们。"孩子们觉得势头不对，但还算平静。"妈妈出事了吗？"邦妮问。"妈妈上天堂了。她在那里会很开心。我们一定要勇敢，互相照顾。"孩子们过了一会儿才明白爸爸的意思。邦妮惊得放声大哭："为什么妈妈离开我们，爸爸？为什么现在上天堂？我们要妈妈。""没办法，邦尼。上帝召唤她，我们不能过问。""你是说妈咪再也不能回家了？"杰基问。"没错，儿子。"爸爸轻声说。"可是我要妈妈。"克莱德抽泣。爸爸轻轻安慰他们，知道他们的悲痛需要发泄。等他们渐渐平静下来，爸爸说："没有妈妈大家都很难过。我们需要时间适应，一起努力，互相帮助。将来怎么过，我们回头再商量。"

这时候，玛丽安和两个孩子进屋。比尤拉和弗里达还在抹眼泪，但可能是因为看到别人哭，而不是跟悲剧直接关联。玛丽安搂着三个孩子，一边啜泣一边嘀咕："可怜的小娃儿，没了妈妈。”爸爸对她直摇头，但她没有领会。孩子们又开始放声大哭，近乎歇斯底里。爸爸赶紧示意亨利姨夫，先带妻子女儿回屋。三个孩子离开玛丽安的怀抱，回来找爸爸。亨利姨夫好不容易说服玛丽安躺一会儿。爸爸带着一丝坚定，搂着三个孩子说：“孩子们，大家都很伤心。但是记住，我们应该带着勇气而不是绝望怀念妈妈。妈妈肯定也是这么希望的，我相信你们一定会满足她的希望。现在，振作起来。”他静静等着孩子们调整恢复。终于等他们平静下来，他说：“该吃晚饭了。玛丽安阿姨需要帮助。我们一起帮忙准备晚饭，好不好？”“爸爸，我现在吃不下。”邦妮抽泣说。“生活还要继续，邦妮。如果你今晚不想吃，没关系。不过一会儿晚饭好了，没准你会想。”就这样，在爸爸的鼓励下，孩子们慢慢恢复，每个人都有事情要忙活。

玛丽安阿姨的怜悯让孩子更加沮丧低落。爸爸表现出如此情境下不可或缺的勇气和体察，并放眼于未来，开启了孩子们的康复之路。

谁也不知道，灾难什么时候会降临。作为大人，我们理应勇敢“承受”，尽力而为。面对灾难中的无辜儿童，怜悯是人之常情。但是，哪怕最善意的怜悯，也可能比灾难本身害处更大。大人可怜孩子，不论多么光明正大，只会让孩子陷入自我可怜的泥淖，甚至持续一辈子，使得他们难以负起生活的责任，只会徒劳地寻找“替罪羊”，以弥补生活对他们的不公。因为一心只有自己以及自己应该得到什么补偿，他们难以成为对社会有用的一分子。

父母早逝可谓是对孩子最严峻的挑战。有些人甚至一辈子也难以恢复，尤以母亲早逝为最。此时他们需要身边人全力以赴的同情和支持，最不需要的就是怜悯。怜悯属于负面情绪——让人弱小、不能自立、对生活失去信心。死亡是生命的一部分。只能这么理解。没有死，焉有生？自然，我们不希望孩子因父母早逝而受到伤害。可是，悲痛不能让死者复生，生活还要继续。虽然很难，孩子必须意识到重建生活的责任，怜悯只会耗尽他们此刻最需要的勇气。

我们不能保护孩子免于不幸。成年人应对生活重击的力量和勇气源自童年期的塑造。从那时起，我们就开始学习如何从容应对，大步前行。如果我们希望引导孩子勇敢地接受生活，因克服重重障碍而满足，锻炼他们迎接未来的能力，就必须放弃怜悯。我们必须意识到作为人之天性的怜悯的危害，不要冲动，同情、理解、支持孩子，不论在他们为过去悲痛还是奋力探索前路的时候。绝对不能让孩子自生自灭。相反，我们合力支持他，就像支持有麻烦的大人一样。

有时候我们难免遇到一些大人，他们对怜悯恨之入骨，远离那些为了同情而怜悯他们的人，因为他们骄傲到不想被怜悯。对此，我们必须小心表示理解，不要怀疑他们勇敢面对逆境的能力。对孩子也是如此。尊重孩子就是尊重他们的自尊，不让他们因为自我怜悯而伤及自尊。危机时刻，孩子自然而然以大人为样板，我们应对危机的态度就是对他们的指引。

不难分辨同情和怜悯的差异。同情意味着“我理解你的感受、你受到的伤害、这对你很难，对此我很难过，但我会帮你克服重重障碍”。怜悯则是对被怜悯之人相当微妙、恩赐、高高在上的态度。“可怜的小东西，真为你难过。我一定竭尽所能补偿你。”为已经发生的“不幸”难过，这是同情。为遭遇不幸的“你”难过，这是怜悯。我们往往质疑弱小者的能力，结果伤及他们本应具有的应变能力，因为我们的怜悯，反而导致他们意志消沉、怨天尤人、索求无度。

MAKE REQUESTS REASONABLE AND SPARSE

第二十八章 合理要求，少提要求

父母带着汤米到朋友家做客。大人坐在前廊聊天，汤米四处溜达。“回来，汤米。”妈妈叫了一声，扭头又跟朋友说话。小男孩拐过墙角，缓缓走向后院的秋千。他停下来，舔了一口冰棍。妈妈追过来。“汤米，我叫你回来。”她伸出手指头朝地上一指，勒令汤米回到那个位置。汤米回过头来，抬起下巴，眯缝双眼，嘴角讪笑，大大咧咧坐上秋千，又舔了一口冰棍。“汤米，我叫你过来，马上！”妈妈气急败坏。汤米继续在秋千上晃来晃去。“我告诉你爸爸去！”妈妈边走边喊。汤米舔完冰棍，把冰棍棒扔到花圃里，秋千晃得更起劲。没有什么事情发生。汤米接着晃，晃到无聊了，才慢悠悠回到前廊。

汤米完全不理睬妈妈的要求，但妈妈实属活该，因为她的要求不合理，使得汤米公开挑衅她的“命令”。此刻母子已陷入权力之争，而且汤米获胜。妈妈实在没有理由，不让汤米玩秋千；只是展示威权，汤米当然坚决反对。后来，实在没招的妈妈仍然喋喋不休，直至威胁要跟爸爸告状。汤米很清楚爸爸不会怎么着他，果然不出他所料。“跟爸爸告状”的威胁，我们极不推荐。现在可是民主社会，爸爸绝对不该扮演无上权威的角色。

对孩子的尊重以及对秩序的认同，这是合理要求的特征。因为孩子“不听话”就发狂的父母必须反省，他们的要求是不是合理，他们的目的是不是想“控制”孩子，而这往往导致权力之争。父母往往认识不到，他们这么做只是为了确立尊卑关系。然而，大人的威权已被摒弃，孩子则抱定不服从的原则，不甘被支配。觉得自己被强迫或“驱使”的孩子势必以不服从回敬。只有以商量的方式提出合理和必要的要求，方可避免类似冲突。

十岁的林达在离家半个街区远的地方玩。妈妈想让她去商店买点东西，就在前门大声叫她。林达玩得正欢，假装没听见。见林达不作声，妈妈就算了。可是没过几分钟，她又开始叫她。林达还是不理睬。后来一个小孩提醒：“林达，你妈妈叫你呢。”“哦，我知道——但是还不够大声，没事儿！”谁知妈妈这回当了真，不叫了，但拿了一根小皮条出来找人。林达有点诧异。“没听到我喊你吗，小丫头？赶紧给我回家！”啪的一声，抽了林达大腿一下。林达疼得跳起来，哭着往家走。妈妈跟在后头，每走一步就抽一下。几分钟后，只见林达一溜烟跑向商店。

林达属于“对妈妈装聋作哑”的人——此现象让当今

很多家庭备受折磨。

为了家庭福祉，孩子应该做一些力所能及的事情。上商店买东西算是家务活之一。不过，这些活计必须由父母和孩子双方协商，达成一致，并且一直履行。

妈妈和林达可以有商有量，列出林达力所能及、家庭需要，又不会耽误林达跟小朋友玩的家务活。午饭时妈妈可以说："下午五点前需要你帮忙到店里买点东西。你觉得哪个时间合适？"林达选好时间后，妈妈可以问："到时需要我提醒你吗？"这么一来，林达明确了责任，甚至可以挑时间去完成。要求既然合理，林达履行责任的时候势必更加自豪。

妈妈在客厅缝缝补补。八岁大的波莉在看电视。"波莉，帮我拿包烟好吗？"小女孩跳起来，屁颠屁颠去拿烟。几分钟后，妈妈说："宝贝，帮我拿白色的棉线好吗？"波莉又去拿线。"亲爱的，把马铃薯炖锅的火儿关小点。"波莉仍然很乐意。

妈妈像对仆人一样使唤波莉。哪怕再不合理的要求，波莉也没有怨言，因为她想取悦妈妈。这不是一个自决自主的个体该有的职责。

爸爸妈妈在后院跟意外来访的朋友聊天。九岁大的黑兹尔在附近跟邻居家两个女孩一起玩。十八个月大的大卫因为睡觉时间快到了，烦躁不安。妈妈抱了一会儿，还是觉得分心。"黑兹尔，"她叫道，"用婴儿车带大卫遛一圈。""哦，妈妈。""黑兹尔，快点！"小女孩一声长叹，不情愿地离开朋友。

妈妈的要求极不合理。我们自己都不愿意干的事情，怎么可以要求孩子代劳？妈妈想陪客人聊天，于是让黑兹尔别跟小朋友玩，帮她带孩子。这是对黑兹尔的权利的极大践踏。妈妈应该向客人道歉，自己照顾大卫睡觉。

我们向孩子提要求的时候，必须意识到当前的情境和孩子的能力。很多孩子喜欢照顾弟弟妹妹，但是必须事先跟他们商量，什么时候帮忙合适。自然，如果妈妈实在分身乏术，需要帮手，叫大孩子帮忙也不是不可以。

"勒令"孩子"立刻马上"帮忙的情境，通常都是不能成立的。这是威权手腕，所提要求往往不合理。孩子的反应——"她总是使唤我干这个干那个"——说明亲子关系存在问题，因为缺乏和谐和合作。如果我们隔三岔五跟孩子提要求，请他们帮忙，而不是勒令他们服从，就有可能促成友好、满意的亲子关系。

FOLLOW THROUGH —BE CONSISTENT

第二十九章
说话算数，坚持到底

鞋店店员拿了好几双鞋让温尼弗雷德试穿。“想买哪双，你自己定，宝贝。”妈妈说。藏青色的看起来不错，但温尼弗雷德恋恋不舍地说：“我想试试红色的，妈妈。”店员拿来小红鞋，孩子很喜欢。“可是，孩子，藏青色的更实用。什么衣服都好搭。你确定真要红色的？”“是的，妈妈。”“来，再试一下藏青色的。”温尼弗雷德对着镜子看了看。“就买藏青色了。”妈妈跟店员说。“可是，妈妈，我要红色的。”“哦，温尼弗雷德！红色的不实用。你很快就会厌倦。就这样，乖乖的，拿藏青色的。”孩子噘着嘴，接受了妈妈的决定。

妈妈一开始告诉温尼弗雷德可以自己选，后来却自己拿主意，甚至强迫女儿接受。妈妈不仅没有始终如一，而且说话不算数。

如果我们想让孩子学会审慎选择，势必先给他们机会选择，如有必要，甚至允许他们犯错。孩子通过经验而非说教学习。妈妈在温尼弗雷德眼里就是“老大妈”，不想让她拥有自己喜欢的东西。除了抱怨，别指望她明白选择是否实用的道理。如果妈妈说话算数，让女儿买红鞋子，温尼弗雷德没准自己会发现，红鞋子确实不好搭配衣服。而且只有红鞋子坏了，温尼弗雷德才能再买新鞋，这么一来，她就要忍受自己的决定，并在以后更加审慎周详地考虑问题。这时候妈妈更像是教育家，而不是颐指气使的老大。

大热天的，三岁大的霍莉在沙坑玩。妈妈觉得她在大太阳下暴晒太久。“把遮阳帽戴上，霍莉。”她一边给花坛除草一边说。霍莉装作没听见，继续玩沙子。“霍莉，我说了，戴上帽子。”小女孩跳离沙坑，跑去玩秋千。“霍莉，回来。戴上帽子。”小女孩背对妈妈，坐在秋千上。妈妈耸耸肩，就此作罢。

显然，霍莉学会了不服从。妈妈唠叨太多，行动太少。她虽然提出要求，但没有坚持到底，使得霍莉发现可以不用搭理妈妈。

妈妈没准觉得，她的要求是出于对霍莉的关心，不想她被晒伤——这也是对秩序的尊重。然而，她的行事方式既不尊重自己，也不尊重霍莉。霍莉哪懂晒伤，觉得妈妈的要求过于专横——尤其是以命令的形式，自然即刻反抗。妈妈的“要求”无异于挑起权力之争。如果妈妈真的担心霍莉被晒伤，在女儿第一次拒绝她的要求后，就应该坚持到底，走过去帮霍莉戴上帽子。如果孩子继续抗拒，妈妈必须当机立断，把她转移到室内。所以，在跟孩子提要求之前，务必三思，然后坚持到底。

“妈妈。”路过购物中心打折商店的时候，六岁大的保拉揪着她的裙子。“啥事？”“可以给我一角钱吗？”“干吗？”“我想骑电动马。”“不行，保拉，今天不行。”“求求你了，妈妈。”小孩子开始哼哼唧唧。“我说了‘不行’，保拉。赶紧的。我还有好多事儿要做。”保拉开始哭闹。“哦，我的天！好吧，让你骑一回。记住，只有一回。”妈妈帮保拉坐上电动马，塞入一角硬币，在边上等着。

妈妈一开始“拒绝”，但马上屈服。因为害怕孩子哭闹，因为可怜孩子，她没有继续说“不”的勇气。

妈妈实际上是在训练保拉不听话，训练她以“泪水”为武器达到目的。解决这个问题有一个很简单的办法——按时给保拉零花钱。如果她跟妈妈要一角钱，妈妈可以回答：“你自己有零花钱，保拉。”如果保拉的零花钱已经用完，这事儿就到此为止。妈妈无须回复她、跟她讲道理，也不要可怜她、对她让步，更不要预支零花钱给她。如果保拉的零花钱够骑马，那好。如果不够，那是她的事儿。妈妈必须坚定地说“不”，不理睬孩子的挑衅。

为了让亚历克斯和哈里准时起床，妈妈真是受够了。她参加过父母指导中心的培训，想到一个主意。她买了一个闹钟，让男孩们自己设闹铃。第二天早上，她听到闹钟响了又停，等半天，没动静。半小时后，她知道孩子们又睡过去了，就把他们叫醒。“告诉你们自己起床。闹钟半小时前就响了。起来，赶紧的！”

妈妈的计划很好，但没有坚持到底，可能她也不指望孩子可以自己起床。但坚持不彻底，就是彻底不坚持。她还是想“叫”他们起床。这事儿她还不想撒手。

如果妈妈真想孩子自己起床，就要责任到人，然后撒手不管。如果他们关掉闹铃继续睡大觉，那是他们的事儿。等他们醒来，还是得去上学，不管迟到多久，而且后果自负。日子一天天过去，妈妈必须坚持到底。孩子回头发现妈妈绝不卷入起床之争，没准就会乐于承担责任。

十一岁大的迈克尔和九岁大的罗比，一直想养条狗。爸爸妈妈最终同意，但有个条件：小男孩必须负起喂狗、刷狗的责任。他们立刻答应。于是挑了一条狗，他们都很开心。起初他们真是勤勤恳恳照顾小狗，可是，新鲜劲过去后，慢慢就爱理不理了。

喂狗的任务越来越倚靠妈妈。不管她如何催促、提醒、说教，孩子还是记不住。终于，有一天，她威胁如果再这样，就把狗送走。威胁之下，迈克尔和罗比勤快了两天。可是仅过了一个星期又恢复如故，妈妈也没办法。毕竟，她不能剥夺孩子跟狗嬉戏的喜悦。

可怜的妈妈。一人负责任，孩子就纯玩。

孩子第一次忘记喂狗，妈妈就可以问："如果你们再忘记喂狗，应该怎么办？"随后母子可以友好协商，妈妈必须明明白白说清楚，喂狗不是她的责任，而且不喂狗很残忍。"你们觉得，多少次不喂狗是可以接受的？"孩子说一个数目。"超过这个次数的话，狗就要被送走，你们同意吗？"达成一致后，如果孩子还是忘记喂狗，妈妈必须说话算数、坚持到底，把狗送走，不是为了惩罚孩子，不是生气，而是因为这就是忘记喂狗的逻辑后果。

坚持到底其实是秩序的一部分，有助于我们确立边界，让孩子有安全感。如果我们训练孩子的方法杂乱无章，其效果势必大打折扣，孩子也会茫然不知所措。反之，如果我们说话算数、坚持到底，孩子就会觉得确定和安全，学会尊重秩序和明确立场。

PUT THEM ALL IN THE SAME BOAT

第三十章 一视同仁

爸爸发现有人用蜡笔在新砌的砖头壁炉上乱涂乱画，就把三个女儿叫过来依次问话。谁都矢口否认。“你们当中肯定有人撒谎。被我查出来一定不轻饶。说吧，谁干的？”没人吭声。“好吧，那就三个一起受罚。”啪啪啪，三个轮流打屁股。打完之后爸爸又问：“究竟谁干的？”大女儿终于承认了。“这还差不多。现在把它擦干净了。”爸爸拿来水、桶、硬毛刷和洗涤剂，站在一旁监工。

流行的育儿观念认为，我们应该区别对待孩子，根据他们的表现一一予以奖惩。但我们往往意识不到，孩子们经常联合起来对付大人，以挫败他们或让他们忙活。众所周知，同辈群体往往有一个憎恶“告密者”的行为规则。如同上述案例，三个小女孩结成了统一战线：宁肯一起挨揍，也不告密。

如果我们逐一对付惹事的孩子，可能会形成“跷跷板”的局面：某个孩子为了得到父母的认可和重视，出卖另一个孩子，导致他被收拾。让孩子斗孩子的做法，难免激化孩子之间的竞争。由此，孩子受到的激励不是为家庭奉献，而是赢得父母的赞同。可是没有一个孩子会一直被父母垂青，所以这是一个不切实际的假目标。然而，每个人无论如何都可以有所奉献，这才是切实可行、可以达致的目标，而且有助于家庭和睦。如果我们煽动孩子互相竞争，无疑是在强化他们的错误目标。好孩子之所以“好”，未必因为他真的想好，而是唯有如此，才可以甩开其他孩子，遥遥领先。他只为自己而不是为共同福祉着想。坏孩子之所以“坏”，也是因为唯有如此——对人生无益，才会被父母关注。

所以，如果我们“打包”对待孩子，让他们同处一条船，就可以纠正现存的紧张竞争及其恶果。这可能是妈妈可以采取的革命性的举措。对所有孩子一视同仁，使得竞争精神、道德判断和个人偏好毫无用武之地，可谓一箭三雕。它可以实现某种如《圣经》上所言、但在现代社会荡然无存的理想：人类，互为兄弟般守护，而非你死我活的仇敌。

上述案例中，爸爸本来可以把三个女儿叫过来，让她们一起擦洗壁炉，而不必在乎谁是罪魁祸首，从而避免“好”孩子继续示好而“坏”孩子挑起权力之争甚至企图报复的恶果。

“可是，”你们会问，“让无辜者一块擦洗壁炉，不是很不公平吗？”孩子们可能也会同声反对。切记，孩子对公平与否的理念深受我们的影响，并以之反对我们。如果我们可以克服自己的假定或信念，认为这么做并非不公平，孩子可能也会觉得合理。他们没准会“良心”发现，以前他们如何拉帮结伙——一个装好人、一个装恶人、一个装废人等——对付我们。为了从父母这里获利，他们相互竞争。如果我们消除竞争，没准他们反倒有机会学习如何互相尊重。

从更广义的公平考量，强化孩子的假目标以及他们对作用和价值的错误观念——进而伤及和睦和合作，才是对孩子的不公平。一切端赖于我们的做法。如果我们让孩子同处一条船，让他们为某个孩子的所作所为承担集体责任，就可以做到“无帆不起风”。他们也会失去争强好胜的欲望，使得行为不端毫无意义。

对争风吃醋的孩子也是如此。争风吃醋之所以有用，是因为可以引来父母关注，进而使得父母为了平息事态，大费周折。但是如果父母不为所动，孩子争风吃醋就失去意义。可是有多少父母可以不为所动呢？所以，受累于此的父母可谓自作自受！

对孩子一视同仁的效用有时候远超预期。有个妈妈参加了该主题的一个讲座，试用之后撰写了如下报告：

她有三个孩子，分别是九岁、七岁和三岁。老大和老二对老三没啥影响，但经常抱怨父母对他另眼相待。有一天晚上，就在她听过讲座之后，老三不好好吃饭，弄得一团糟。妈妈就让三个娃都离开餐桌，谁也别吃饭。两个大孩子虽然很不情愿，还是离开了。从那天起，老三再也没有玩弄过食物。妈妈对效果很吃惊，但不明白为何如此。

以前，老幺的调皮捣蛋让他受到“优待”，因为妈妈必须不停提醒他好好吃饭。妈妈的新举措不仅剥夺了他的特权（不好好吃就别吃），还累及两个大孩子（谁也别吃饭），亦即，让两个大孩子也受到了关注。既然如此，他一个人唱独角戏有什么劲！

如下实例，共同责任的效果更是明显。

八岁大的查尔斯是老二，前面有一个能干、优秀的哥哥，后面有一个“好”妹妹。他的调皮捣蛋简直“令人发指”：撒谎，偷窃，两次在地下室纵火，最喜欢用蜡笔在墙上乱涂乱画。妈妈对他毫无办法，向我们求助。我们建议她一视同仁，所有孩子都要为查尔斯的行为负责任。这跟她以前只责罚查尔斯、表扬另外两个的做法大相径庭。

两周后，妈妈和查尔斯来做回访。妈妈简直莫名惊诧，因为查尔斯“改头换面”了。有一次，他又用蜡笔在墙上涂鸦，妈妈就让三个孩子一起擦洗。查尔斯以后再也没犯。我们问查尔斯为什么，他回答："不好玩了呗。其他人必须一起收拾。"

查尔斯寻思，如果不能让妈妈卷入战斗、跟他好说歹说，他的坏行为就没有意义。他可不想帮倒忙，让其他孩子也被妈妈"优待"！

但凡孩子打架，谁是谁非实难分辨。往往不是因为某个孩子胡作非为——而是所有孩子都难辞其咎，亦即，他们各自心怀鬼胎。可能是好孩子千方百计怂恿、推动或挑衅坏孩子越轨，以将妈妈卷入纷争。不论是为了共同的家庭福祉，还是为了加剧紧张和敌意，所有孩子都互有责任、沆瀣一气。一般而言，"坏"孩子变好，"好"孩子就会变坏；他们组成联合战线，密切协调，共同对付我们。如果妈妈识破他们的诡计，一视同仁，收效可能相当惊人；孩子们也会明白他们是一条线上的蚂蚱，必须互相照顾的道理。

第三十一章 倾听！ LISTEN!

如下笑话我们都很熟悉：孩子问："妈妈，我从哪儿来的？"妈妈滔滔不绝，说了一堆性常识。"这些我都知道，妈妈。我想知道的是，我从哪儿来。"妈妈又说了一堆怀孕生产的事儿。小男孩还是不满意："妈妈，罗伊来自芝加哥，皮特来自迈阿密。我从哪儿来的？"

我们普遍对小孩抱有一个偏见，亦即，没认真听他们说话，就假定我们知道他们想说什么。我们往往嘴上说个不停，顾不得认真听他们讲话。而且我们很喜欢以别人家的孩子如何早慧为主题的畅销书和电视节目，其实无须舍近求远，我们自己家里就有。我们需要做的只是——倾听。

六岁大的阿尔帮爸爸装行李，准备暑期自驾游。一个小小的旅行提包死活放不进行李箱。"爸爸，把妈妈的弹性坐垫拿出来，肯定可以放进去。"爸爸不理睬阿尔的建议，重新整理行李箱，还是装不进去。趁爸爸进屋，阿尔把弹性坐垫拿走。爸爸回来后惊讶地发现，提包可以装进去了。

爸爸没有认真听孩子的准确提议。我们的孩子其实很擅长审时度势，时不时可以提供一些智能方案。有时候甚至别出心裁，值得我们采纳。

一位有五个孩子的爸爸前来求助。听他说完事情原委，我们经过分析，为他提供了切实可行的建议。之后我们要求爸爸离开房间，邀请五个孩子进屋。咨询师问他们为什么老是跟爸爸冲突，他们解释得非常清楚。咨询师又问他们有何解决方案，他们给出的建议与我们刚才给爸爸的建议如出一辙！

如果爸爸登门之前好好跟孩子聊一聊，本来可以省下一笔咨询费。

很多时候孩子一眼就能看穿我们错了，但我们老觉得，只有大人才有权利跟小孩说他们错了。傲慢让我们不懂得认真倾听。如果我们平等待之、认真倾听，孩子的敏锐观察可以让我们受益匪浅！

凯利、梅布尔和罗丝为了抢电视打得不亦乐乎。凯利想看牛仔片，两个女孩想看喜剧片。最后妈妈实在受不了。"凯利，烦死了。回屋去！""为什么总是我？"凯利愤愤不平。"别顶嘴，凯利。回屋去！"

妈妈应该认真听凯利说话。他提了一个非常好的问题。为什么妈妈老是收拾他？因为妈妈落入了两个女孩布下的、旨在修理凯利的陷阱。如果妈妈认真听，没准就会发现其实她助长了兄妹打架。

九岁大的约翰尼在客厅跟狗嬉闹，虽然这是家里明令禁止的。小男孩和狗滚在一起，撞倒桌子上的台灯，灯泡碎了。妈妈怒冲冲地跑过来，好好训了约翰尼一顿，最后还说："因为这个，今天下午你不能去游泳。""爱游不游，我无所谓。"小男孩绷着脸回嘴。

约翰尼其实很有所谓，可是他的自尊心阻止他承认。他如此回应是他反抗妈妈的延续，而且进一步挫败了妈妈。

很多时候我们必须学会倾听孩子的言外之意。约翰尼的"我无所谓"其实是说："任你惩罚，我就是不服。"孩子大声尖叫"我恨你"，其实是说："不能随心所欲，我很不爽。"孩子打破砂锅问到底，其实想说的是："关注我。"

十岁大的乔治在校车上挨着皮特坐。司机无意间听到如下对话。"昨天为啥旷课，乔治？""我就是不想上学，所以装病，后来果真病了。""啥病？"皮特问。"肚子不舒服。""怎么会？""大冷天的，我不想上学。今天早上也是如此，可是妈妈把暖气开得足足的，我实在待不住。一开始我还想装病，后来改变主意。好不容易才赶上校车。因为肚子不舒服，我一点儿早饭没吃。”

孩子彼此之间就是这么坦诚。不过，他们甚少让我们有机会偷听。因为我们往往对偷听到的事情大惊小怪，使得他们更加小心。但司机无意间听到了。原来孩子为了不上学，真的可以让自己生病。她还明白了孩子之间的平等意味着什么。皮特对乔治及其行为全盘接受，当作他生活的一部分。绝不道德说教。

妈妈懂得如何区分婴儿不同哭腔的不同含义，因为一开始没有别的参照，只能通过哭声判断孩子的喜怒哀乐。这本是我们的才艺，可是随着孩子长大，似乎被弃置了。孩子一声尖叫，我们就疯狂冲过去看个究竟。很多时候，这就是孩子尖叫的目的。如果我们稍安勿躁，驻足倾听，可能就不会上当，为孩子的错误目的服务。

仔细倾听，受益无穷！

WATCH YOUR TONE OF VOICE

第三十二章 注意说话的口气

跟孩子说话，他们往往对我们说话的口气而不是内容印象更深。留心自己如何说话，对我们很有好处。不论在商店、公园还是其他父母和孩子聚集的场所，注意听别人说话，尤其是大人的腔调。他们跟孩子说话的口气，往往不是大人之间说话的那种口气。等你回到家，再留意你自己的口气。你表达了什么？你的孩子又听进去多少？

很多时候，正是我们说话的口气，怂恿了孩子的行为不端。

比利说要给草坪浇水。“哦，不可以，小伙子，”妈妈固执地说，“你还是老老实实待在家里。”比利打量了妈妈一会儿，溜走了。很快，妈妈听到流水声。比利正在浇水。

妈妈的口气专横固执，本来是想表达她的决心，却加剧了比利引发的权力之争。我们询问另一个当时在场的十六岁女孩，她从妈妈的口气里听出了什么。“她很害怕。实际上是在虚张声势。”（我们说得没错吧？）

爸爸辅导十岁的乔迪做作业。乔迪好像什么都懂的样子。“哦，这个嘛，你肯定懂的。”爸爸很不屑的样子。乔迪埋头扑到课本上，看上去更茫然了。

爸爸的口气表明，他对乔迪的学习没有太大指望，于是小男孩更加沮丧。

妈妈在商店碰到一个自辛西娅出生以来就未谋面的老朋友。“多大了？”“十一个月。”“啧、啧、啧，甜死人的小东西。”朋友抚弄宝宝的下巴，舌头啪嗒作响。

跟小朋友说话的时候，我们往往使用谄媚的“儿语”或屈尊的“简语”，表明我们认为婴儿低人一等的态度。我们不会用这种口气和方式跟朋友说话。多听几次，我们就会发现自己对孩子多不尊重。因为我们往往容易高人一等，装出很开心很激动的样子，以甜得发腻的口气跟孩子说话，以吸引他们的兴趣或赢得他们的合作。一旦意识到说话的口气有问题，就马上调整。如果我们像对待朋友一样，跟孩子平等对话，沟通的大门就会始终敞开。

第三十三章 放轻松

TAKE IT EASY

五岁的谢丽尔和七岁的凯茜站在厨房台面上，紧盯着妈妈把两块巧克力放到磅秤上，记下重量，然后又放两块上去。“谢丽尔的更重，妈妈。不公平。我比她少。”凯茜哼哼唧唧。“差不多，差不多。”她的妹妹打哈哈。“没错，谢丽尔。凯茜说得对。我再试试。”妈妈继续称重，直到每个女孩的巧克力几乎一样重为止。

妈妈真是为了公平竭尽全力。可是她的过度关注，与其意图相反，不无害处，因为加剧了姐妹之间的紧张和竞争。两个人不论什么，都要一样。与此同时，姐妹合力让妈妈为公平而焦虑。妈妈怎么会“沦落”至此？

她有一个错误信念：必须对所有孩子“公平”，绝不偏袒任何一个。可是谁能做到完全公平？妈妈又如何为谢丽尔和凯茜的人生安排一切，做到凡事公平均等？而且，妈妈对公平的过度关注重在“得到”而非奉献。以此价值观行事，不论谢丽尔还是凯茜都不会恒久快乐。

妈妈必须放轻松，放弃她对公平的过度关注。如果她觉得每个女孩可以吃两块巧克力，每人给两块就得了。如果她们小题大做，争论谁重谁轻，妈妈可以不管——借故去洗手间，如果必要的话。让她们自己解决。

妈妈很担心，三岁大的雷蒙德似乎养成了长期便秘的习惯。在他几个月大、开始排便训练的时候，妈妈为了让他排便“有规律”，可没少费劲，有时候甚至给他吃灌肠剂。如今妈妈发现，几乎每天都要给他吃。

妈妈对雷蒙德的排便和健康过度关注。在这背后，其实反映了妈妈想控制雷蒙德何时排便的决心。母子陷入了权力之争。他拒绝依照妈妈给出的时间排便，非得妈妈介入不可！妈妈的担心不是没有道理。可是只要她一直这么尽心尽力，雷蒙德就无须为自己负责。他被训练得用肠子“说话”。这个习惯可能伴随他终生。妈妈应该放轻松，让雷蒙德自己想排便才排便。这是他的事儿。一旦他无须借助肠子抗议，自然就会恢复正常的排便功能。

妈妈带五岁大的多萝西到大商场购物。多萝西经常落在后面，在每个展示柜台前流连忘返。妈妈一停下来购物，多萝西就溜达到别处。有一半时间，妈妈都用来盯着落在后面的多萝西。最后还是跟丢了，急得发狂。好不容易找到，妈妈说：“哦，多萝西。你差点没把我吓死！从现在开始，老天，在我身边待着。我可不想你再走失了。”多萝西瞪大眼睛，严肃地打量着妈妈。

每回出门，多萝西都跟妈妈玩捉迷藏的游戏。看到妈妈急得发狂，显然很好玩。多萝西并未走丢。她很明白自己身在何处。不是她要待在妈妈身边，而是妈妈要待在她身边。

妈妈只要肯花时间训练，完全不用担心多萝西走丢。要玩就一起玩！一旦妈妈发现多萝西不在身边，可以默不作声，躲起来。多萝西很快就会明白，妈妈没有在找她，只得原路返回。可是妈妈不见了！现在轮到多萝西着急找妈妈了。妈妈可以继续躲着，直到多萝西真着急了为止。然后悄悄溜出来，装作没发现，继续购物。多萝西吓坏了，哭着跑过来后，妈妈可以装作若无其事，平静地说："对不起，我们怎么走丢了？"每回孩子玩失踪，妈妈都可以使出这一招。如果妈妈不想跟孩子玩捉迷藏的游戏，那就放轻松，别去担心多萝西不见了，孩子自会明白必须跟紧妈妈的道理。

朋友在客厅跟妈妈聊天。妈妈每隔几分钟就会起来，朝窗外张望，查看两个孩子——一个六岁、一个四岁——的情况，他们正在侧院跟邻居家的孩子一起玩。朋友最后忍不住问："外头有啥好玩的？""没啥，真的。我就是担心孩子有事儿。"

放轻松，妈妈。真出啥事儿了，准保你很快知道！

十岁大的丹尼老是让妈妈担心。他就是不听妈妈的话，放学了不直接回家。一天，已经五点半了，丹尼还没回家。妈妈急疯了。因为小男孩骑自行车上下学，妈妈不免担心他被车撞了。正准备给当地医院打电话确认的时候，丹尼进屋了，裤子和鞋子湿透了，而且全是烂泥，手里拿着一瓶脏兮兮的水。“丹尼！你去哪儿了？五点半了！我都快疯了。你到底去哪儿了？”“我去了那天我们瞅见的路边小水塘。瞧，抓了一些蝌蚪。”“跟你说过多少次了，放学后直接回家，让我知道你的行踪，”妈妈怒不可遏，“你没有权利让我这么担心！”丹尼面无表情，任由妈妈责骂。

第二天，妈妈跟朋友到家庭指导中心参加培训。讨论时有人提出了类似问题，对妈妈有所启发。以后甭管丹尼啥时候回家，她都不介意。可是一旦丹尼晚回家，妈妈就跟他玩失踪！

我们对孩子的担心和关切，很多时候并非不可或缺。更糟的是，反被孩子抓住把柄，对付我们，以博取我们的关注、挑起权力之争甚至报复。因为不论我们如何担心，也不能阻止灾难或不幸的发生。只有在它们发生之后，方有应对的必要。我们只须放轻松，充分信任孩子，直至灾难发生再去全力应对。

妈妈一直很不顺。比利十六个月大的时候，因为离婚和为了工作，她不得不把比利放在寄养家庭。直到比利两岁，妈妈再婚，才把他领回家。比利三岁的时候，妈妈怀了第二个孩子，不得不又把比利放在寄养家庭。如今比利五岁，似乎很不快乐。不论妈妈如何表示爱意，小男孩总是信不过。每回妈妈不得不说“不”或拒绝比利的请求，他就可怜兮兮地号啕大哭：“你不爱我！”妈妈快疯了。比利要的很多东西不是家里负担不起，就是真的对他没好处。妈妈绞尽脑汁，不知道如何安慰他。

问题源自妈妈把比利放在寄养家庭的负罪感。虽然这是当时迫不得已的做法，但妈妈总觉得辜负了孩子。如今她过度担心这段经历对比利的影响，自认为比利觉得被抛弃了。

比利趁机利用妈妈的愧疚，以达到自己的目的。他抓住她的软肋，从源头上控制她，让她对自己过度关注。只要他稍微表达妈妈不爱他的疑虑，妈妈就会乖乖就范，以证明自己爱他。

妈妈知道自己爱比利。（比利也知道！）对比利的“疑虑”，她可以拒绝上套。只要帮比利实现每个现实所需，她就是好妈妈。妈妈必须学会不害怕比利。明白比利行为背后的小算盘，妈妈就好对付他了。下回比利再哭闹，妈妈可以若无其事地说，对不起，让你这么觉得。

嫉妒的孩子与此类似。新生儿一出生，我们就要小心嫉妒首次露头的迹象，而且准保很快就会见着！我们越是努力想消除这个不良情绪，孩子越是有利可图。无意间，其实是我们教会孩子嫉妒！对嫉妒的最好防范莫过于若无其事、拒绝怜悯。我们尽可放心，孩子自可学会如何应对不愉快的状况。自然，新宝宝出生后，妈妈跟大孩子独处的时间大大减少。但是妈妈不用因此觉得对不起孩子，更不用弥补孩子的任何“损失”，这么一来，孩子就会自行调整。不同成长阶段，有些孩子难免更受照顾；这本是人生常态，用不着大惊小怪。如果不是有利可图，孩子才不会嫉妒。

我们对孩子的担心真是多如牛毛。害怕他们染上坏习惯，形成坏思想，担心他们的身心健康，并把我们对他们所作所为的阐释强加给他们。若有状况发生，我们的做法不是发现他们怎么想怎么看，而是自以为是，觉得我们知道他们怎么想怎么看。我们鼓励甚至逼迫他们好好学习，不给家长丢脸，怂恿甚至督促他们参加任何有助于他们“发展”的活动。我们满腹疑虑，想了解他们每时每刻都在“干什么”。似乎我们相信孩子“生来本恶”，必须强迫他们弃恶从善，才会如此这般担心他们。我们花费大量时间和精力，帮我们的孩子过生活。如果我们可以放轻松，信任孩子，让他们有机会为自己而活，该有多好。

我们担心孩子，大部分是因为我们手足无措，不知道怎么办。可是，真的没有必要去“对付”随时可能冒出来的小问题。如果我们放轻松，很多问题自然而然不是问题，道理很简单，孩子乐于促成问题，进而被父母关注。所以，我们对完美生活的追求，无异于缘木求鱼！

孩子调皮捣蛋的时候，如果我们明白该做什么不该做什么，势必信心大增，从而放松心态，愉悦地陪伴孩子成长。

第三十四章 让“坏”习惯降级

DOWNGRADE “BAD” HABITS

妈妈正在晾衣服，发现四岁大的马克和两个玩伴站在一起，半躲在隔壁空地的草丛里。更仔细一看，妈妈发现他们脱了裤子，正在尿尿，赶紧冲过去，让另外两个男孩回家，马克也被揪回家。“这么可怕的事情你怎么做得出来，”妈妈气得边打边骂，“下次看你还敢不敢。想尿尿，你尽可以回家上洗手间。现在给我回屋去。三天不准出门！”接着妈妈又给另外两个孩子的妈妈打电话，告诉她们事情原委。

几天后，马克可以出门了，妈妈接到隔壁邻居愤怒的电话。马克又在门前的人行道尿尿，包括两个女孩在内的一群小孩在边上围观。妈妈赶紧冲出去，把马克揪回家。又是一顿狠揍，比之前更狠。晚上妈妈跟爸爸说了。爸爸也是一通怒骂，并威胁说：“如果再让我听说你在外头尿尿，看我怎么抽你，一定让你永生难忘！”那年夏天，类似行为隔三岔五地发生。马克每次都会挨揍，好几天不许出门。

显然，马克没有被惩罚吓退，反倒更加兴味十足。要是没被逮到，那就更好玩了。

对类似问题，我们不能硬杠，那只会更糟。

最明智的做法莫过于，妈妈悄悄把马克叫回来，避免情绪激动和道德说教，告诉他既然他不懂户外礼仪，那就不要出门好了。每次马克被抓住在户外尿尿，妈妈都应该如此应对。马克当然知道自己行为不端。对妈妈来说，有效的行动远比说教更重要。

我们越是对“坏”习惯大惊小怪，结果可能越糟。这里所谓“坏”习惯，通常包括性游戏、尿床、吮拇指和咬指甲。之所以“坏”字加双引号，并不是说这些行为比其他坏行为更坏。它们其实都反映了孩子的无意识目的。只是在大人看来，这些习惯似乎影响更坏。对付这些坏习惯，就是降级，让它们显得不那么要紧。如果让孩子发现这些坏习惯更让父母困扰，他们就会把它们当作更强大的武器来对付我们。此处，还是“无帆不起风”的道理，如果家长不大惊小怪的话。

精神科医生都知道，好在孩子的性游戏甚少被大人注意，才没有造成什么恶果。如果我们不幸发现孩子手淫或者跟别的孩子玩性游戏，最明智的做法莫过于假装不知情。除非刻意制造冲突，否则手淫能有什么伤害？跟吮拇指一样，这些都属于容易愉悦的行为，虽然无益，却可以让孩子满足。如果我们试图阻止，只会让这种愉悦更强烈，进而使得孩子毅然决然撸到底，谁也不能剥夺。至此，坏习惯的第二个目的凸显，亦即，挫败“暴虐”的成人。我们完全可以不提及此事，而是旁敲侧击，通过拓宽孩子的兴趣活动，让孩子在对生活有益的方面获得满足。

三岁大的玛丽爱吃大拇指，但跟别人有所不同。就是她在吮拇指的时候，会举着另一只手遮在脸前，生怕被人知道。

玛丽的做法属于避开大庭广众，自己偷着乐，跟别人毫无关系。

晚饭后，妈妈紧盯着六岁的杰克，不让他喝太多水。每晚午夜时分，爸爸妈妈睡觉前，都会把杰克叫醒，带他上洗手间。即便如此，第二天早上妈妈叫醒他的时候，杰克的床铺也基本上是湿的。妈妈苦苦求他，尽量不要尿床。有时候难免气急败坏，因为额外换洗的活儿。爸爸妈妈试过各种想得到的惩罚和说服，还是没用。杰克一直改不了尿床的毛病。

尿床的孩子通常是我行我素的孩子，爱干吗就干吗，没有信心控制自己。其实，他是不愿意配合现实所需。爸爸妈妈由此给他的额外关注，让他进一步确信，他就是忍不住要尿床。责骂、惩罚甚至哀求只会让他更气馁。他觉得自己就是这样，没办法自控，哪怕为此被责罚和羞辱。

对非做不可的事情，杰克必须学会独自面对。爸爸妈妈把问题留给他，就是在帮他。这是他的事儿。他们尽可以告诉他——但必须发自内心，不再关心他是否尿床。“我们不会半夜再叫你起床。你要是想上厕所就自己去。如果你觉得在湿漉漉的床上不舒服，你可以自己起来换被褥。”之后爸爸妈妈必须说话算数，坚持到底。不舒服是自然的。但孩子自我观念的改变以及他对自我照顾能力的自信都需要时间。不要奢望有奇迹发生。

孩子咬指甲，通常表达的是愤怒、怨恨或逆反。如同上述，坏习惯只是病症并非病兆，所以责骂、羞辱或预防都是徒劳的。我们不能强迫孩子不咬指甲，必须从病源上医治。

撒谎或偷窃的孩子通常只是为了“延迟归还”。如果孩子巧妙安排，故意让我们发现他的过失，几乎可以断定他只是为了博取我们的关注。如果他百般否认，几乎可以断定他是为了“秀肌肉”，即炫耀力量。孩子可能以为，不论通过什么办法，他就是有权利想要什么就拿什么。还有一个可能，偷东西又不被抓到，可以让他感受到巨大的快感。撒谎或偷窃只是更深层叛逆的症状。当然，偷来的东西必须归还或赔偿。可是对偷窃的严重性我们必须“降级”处理，装作若无其事、不为所动。对那些以“教导”孩子不偷窃不撒谎为己任的父母来说，这么做有点难度。可是他们的奚落、批评甚至惩罚非但不能教会孩子不撒谎不偷窃，反倒火上浇油，使得孩子为了争夺权力、挫败父母而干坏事的欲望更加强烈。孩子无须任何“指引”，撒谎或偷窃不对，他当然明白。可是他不知不觉就是要干坏事，因为有利可图。

五岁大的苏珊喜欢跟有自行车的邻居孩子玩。她不是没求过，可是爸爸妈妈说家里负担不起。一天，妈妈发现邻居家的自行车藏在暖气炉后面。不是一般聪明的妈妈不说破，心想：“我还是等一两天吧，看看什么情况。”她发现苏珊很不安。自行车半藏着，妈妈又不吭声。第二天午后，妈妈故意问苏珊：“露西的自行车在那儿，你为啥不骑呢？”苏珊很沮丧：“因为她会瞅见，我就得还回去。”“所以拿她的自行车没有什么好处啊，对不对？”苏珊哭了起来。“为什么不还给她呢？这么一来，你们至少还可以一起骑。”因为苏珊的妈妈事先跟露西的妈妈达成了一致，大家都不声张。苏珊学到了教训。

问题在于，苏珊觉得她有权利想要什么就拿什么。在妈妈的启发下，她明白了偷窃不管用的道理。

孩子咒骂或说脏话，百分百是为了一鸣惊人。如果我们上套，或者小题大做，无疑是在怂恿他继续。我们尽可以装傻，让他“无帆不起风”。“你刚才说啥了？我不明白。啥意思呢？”孩子可能就会不战而溃。

坏习惯沾身的孩子需要帮助和理解。记住，坏习惯只是病症。只是攻击病症本身无济于事。病兆是什么？很多时候，随意友好的谈话有助于我们理解孩子。母子都很开心的睡前时间，妈妈可以玩一个游戏，问孩子：“今天有啥好玩的？”孩子回答后，妈妈可以说她喜欢啥。妈妈接着问：“有啥不好玩的？”没准可以由此发现孩子的怨气从何而来。以这些信息为基础，妈妈就可以有所行动，但千万不要说教、不要评论、不要解释孩子为啥不喜欢。不过，妈妈可以问孩子他觉得可以做点什么。这是一个倾听孩子的机会。如果孩子不吱声，妈妈可以继续玩游戏，说她不喜欢啥——但不要牵扯孩子，否则就不是游戏而是批评了。千万不要探究。否则，孩子就会闭紧牙关，沟通就结束了。这个游戏可以一玩再玩，没准可以变成有效的间接沟通方式。

我们不能指望孩子一夜之间戒除恶习。可是话说回来，如果一连几天的纠错努力颗粒无收，父母也会气馁。我们和孩子似乎一致笃定，积习难改。不妨停下来想一想。真的，比如——孩子上中学了还会吮拇指或尿床吗？当然不会！我们的悲观根本没有依据。这么鼓励自己后，我们可以巧妙地把信心传递给孩子。这是一个长期工程，不可一蹴而就，尤其需要一系列积极行动所累积的额外鼓励。但最终，我们相信，孩子一定会有所回应。如果我们不灰心不丧气，我们对孩子的信心和信任势必会激励他。总之，只要我们不要太在乎，放轻松，愿意容忍一些不完美，亲子关系的紧张自会消融。坏习惯越发无足轻重，不仅对孩子，也对我们。

第三十五章 有乐同享

HAVE FUN TOGETHER

过去的大家庭，孩子们由于环境、条件所限，只能大家一起玩。这个传统代代相传，直到广播和电视先后代表的大众娱乐的兴起。一家人齐心协力、团结一致的故事我们最喜欢看。芭蕾舞剧《胡桃夹子》最感人的一幕，当数大人小孩围着圣诞树载歌载舞的场景。所以看到现代家庭日益疏离，孩子自得其乐，父母除了物质供应之外不参与，难免令人有些伤感。究其原因，部分在于导致小孩与大人对抗的文化变迁，部分在于我们缺乏民主共处、和谐生活的技巧。父母只操心如何给孩子最好的东西，却疏忽了参与。

还有一个原因，父母和孩子缺少共同兴趣，而这又是因为孩子排斥成人世界，同时，父母不能以平等身份进入孩子世界导致的。在很多家庭里，孩子甚至不愿意跟父母一起玩！如果家里一直处于不宣而战的状态，自然不能奢望其乐融融。最基本的，父母必须可以和孩子玩在一起，如此敌意才会减轻，和睦才有机会。

通过游戏创造和谐的家庭气氛，这是父母的责任。这么一来，由于拥有共同目的和兴趣，没准可以改变大人总是挑刺、与孩子冲突的情形。

跟婴儿往往容易相处，可是随着孩子长大，我们似乎失去了跟他们一起玩的本领。可是，孩子非常需要这类参与。游戏时光可谓家庭和睦和互相理解的关键，可以带来欢乐，减少冲突。孩子可以学会不一定非赢不可的道理，只要能一起玩就足够欢乐。这是艰难的一课，因为很多大人习惯了要让孩子凡事非赢不可。每个家庭应该设计一些符合孩子年龄段的游戏，每天安排一个游戏时间段，列入日程表。之前每天用来训练小宝宝的时间，等他大一点儿之后，自然而然可以变成游戏时间。当然，时间可以调整，好让更多家庭成员加入。

一个狂热的棒球迷爸爸有五个孩子（三男两女），业余在当地球队打球。每个春天，只要天气允许，他就开始“训练”孩子，甚至三岁的老幺也有一个为他量身定制的球棒。爸爸投球的时候很注意，总是能让孩子击中。孩子越来越大，爸爸的投球难度也逐步增加。大孩子养成了体谅小孩子和球技不佳者的态度，一家人玩得不亦乐乎。小孩子的球技稍有长进，大孩子跟爸爸一样开心。爸爸从来不批评，总是大声鼓励。显然，大人小孩都玩得很过瘾。

八岁的休痴迷棒球。只要步行可至的范围内有比赛，他一场不落。为了获悉他的行踪，爸爸妈妈坚持让他提前“报批”。一天晚上，死活找不到休。天越来越黑，爸爸差点儿打电话报警的时候，休回家了，一副满不在乎的样子。爸爸由忧转怒，一顿臭骂。“先听我说，爸爸，”休恳求，“我来告诉你怎么回事。”原来，他跟一群大孩子去了十英里之外的一场比赛。“爸爸，你从来没带我看过棒球比赛。我求过你数百次了。你总说很忙，或有别的事情。”

爸爸一下子良心发现。休想跟他一起分享！后来，一家三口经常一起看比赛，爸爸妈妈对当地球队和球员都很喜欢。

孩子喜欢“演戏”。父母未必总是观众，也可以是演员！孩子尤其喜欢反串演父母，让父母演孩子。任何大家熟悉的童话或传说都可以即兴上演。有没有观众无所谓。装呗。

家庭游乐的项目可以多种多样。圣诞节前，一家子可以在晚上制作圣诞树的纸质装饰。五一劳动节前，可以为晚宴做一些可爱的纸篮子。这些都是大家展示才艺的绝佳场合。

一家子还可以“假装”环球旅行。一起收集资料、旅行指南和信息，每个国家做成一个剪贴本。每个暑假的假期旅行，一家子可以共同参与，做一些前期研究。

这些项目有赖于家庭的兴趣。父母的热情可以传染，孩子也可借机展现他们的心灵手巧和兴趣所在。有个孩子参加了学校的田野之旅后，家里就给他搞了一个“博物馆”，任何源自老西部的古董都被贴上标签，分类归置。家里每个人都瞪大眼睛寻找藏品。一小块彩色玻璃碎片原来是破损教堂窗户的遗存。林间小道上找到的一片羽毛原来是印第安人头饰。有个孩子做了一个玉米棒洋娃娃。诸如此类。

一起唱歌也有助于家庭团结。一个八口之家晚饭后一起刷盘子一起唱歌，想想就好玩。孩子不仅在家里学到新歌，也教家里人唱他们在学校学到的新歌。年纪大一点儿后，他们甚至可以唱和声，把家里人分成几个不同的声部，来一个家庭大合唱。

只要父母仔细倾听、注意观察，就会发现孩子的各种兴趣点，再加上一点儿想象力，一个家庭项目就成了。

共同的兴趣爱好把家里人凝聚在一起。通过大家都喜欢的游戏和项目，一个家庭紧密团结在一起。而团结是平等的基础，更是家庭氛围能否宽松、和谐的关键。

MEET THE CHALLENGE OF TV

第三十六章
应对电视的挑战

几乎在每个家庭，电视机都是万恶之源。为了抢电视看，父母和孩子吵得互不相认。爸爸妈妈担心孩子可能受到坏影响，所谓被动娱乐，大好年华浪费在垃圾节目上。就算“真正好”的节目，孩子的家庭作业也会受到影响。甚至顾不得睡觉，因为“最好看”的节目往往在深夜。连吃饭时间也被电视节目制约，很多家庭甚至改变就餐习惯，坐在电视机前边看边吃，入迷到废寝忘食的地步。父母苦不堪言，因为吃饭不再是可以促进家庭和睦的共同活动。恨不得把彩色电视机一脚踹烂的父母估计不在少数！不过，他们还是试图“采取手段”，管制看电视。打架和纷争接踵而至。有些父母甚至拒绝家里有电视机，孩子不得不跑去邻居家看电视，或是不停抱怨他们被剥夺了“别的孩子都有”的权利。

电视机无疑将继续存在。它只是代表了我们必须解决而不是抱怨的问题。孩子为收看哪个节目吵个不停的时候，父母可以退出纷争，或者干脆关掉电视，直至孩子达成一致。如果父母也被牵扯进去，情况就比较复杂。不过，问题不在于爸爸妈妈有没有权利看他们想看的晚间节目，还是应该屈服，让孩子看他们想看的。这是一个必须由全家人一起解决的家庭问题。于是问题变成“我们应该怎么做？”，而不是像爸爸妈妈说的："为了管制看电视，我应该怎么做？"所有家庭成员必须就此达成一致，亦即，这是一个家庭会议的主题。如果家庭纷争到了不可开交的地步，父母可以拔掉电视插头，谁也看不了，直到大家达成一致。（有点像工人罢工，直到争端解决，否则谁也不干活。）

如果孩子看得忘记做作业，我们可以跟孩子讨论。他可以选择什么时候做作业，什么时候看电视。妈妈必须坚定，敦促他执行协议——通过行动而非空话。如果孩子大了，问题变成"现在怎么办"。让孩子自己想办法解决。

如果孩子过了睡觉时间还想看，父母必须坚定，以保持作息规律。孩子若是年纪不大，我们可以一言不发，带他上床。如果妈妈不是为了让他"在意我"，就不会陷入权力之争；只要坚定维持秩序，顺应现实所需，带他上床睡觉即可。如果孩子年纪更大，我们可以跟他有约在先，然后坚决执行。说起来容易做起来难——如果我们没有跟孩子形成互信、合作关系的话。总之，电视机本身不是问题，只是亲子关系缺乏合作的集中反映。

电视节目的质量和内容举国关注。但是我们不能消极应对，坐等全国全民为我们解决问题。这是我们自己的家，我们自己的事儿。

十一岁的琼、八岁的莫娜和七岁的罗伯特尤其喜欢一个怪诞的恐怖悬疑节目。爸爸妈妈觉得“儿童不宜”。他们越是反对，孩子越是坚持。“有啥毛病？真是一个好节目。全世界所有小孩都在看！”为这个，家里每星期都要吵架。

我们对孩子不该看某个节目的坚持，无疑是在挑起权力之争。结果获胜的往往是孩子。“别的孩子都在看”，没有比这个更强大的理由了。如果我们还是反对，孩子就会用其他方式报复。怎么办？话说回来，孩子难免被电视影响，我们无从保护。但是，我们可以培养孩子抵抗低级趣味，避免判断失误。但不能通过道德说教的方式！言语在当下的文化里更像武器而非交流的工具：父母一说教，孩子就变聋子。不过，可以采用讨论的方式：父母问问题，听孩子回答。父母也可以跟孩子一起看节目，然后，像玩游戏一样，分享观感。“你觉得这里怎么样？那个人的做法明智吗？你觉得其他人有什么感受？为什么？除此之外，有别的办法吗？”由此，父母真的可以帮助孩子思考，审慎地分析节目。如果父母愿意聆听，孩子就会发现自己具备了出主意、发表观点的能力——多么激动人心的发现。父母不要试图“纠正”孩子的感想，那会毁了这个“游戏”。不论孩子说啥，我们姑妄听之。然后随着时间流逝，瞅着孩子一点点儿进步，学会批判性思维！父母偶尔难免有话要说，可以采用启发式的提问，比如“如果……我好奇会怎么样”，或者“如果……你觉得会怎么样”。看完一个牛仔片，父母可以问：“你认识什么‘好人’吗？他们一直都是‘好人’吗？殴打甚至折磨别人真的好玩吗？受害者心里什么感受？”通过类似讨论，不把我们的观点强加给孩子，而是启发孩子独立思考，我们与孩子的关系自会融洽起来。如果我们总是替孩子思考、为他们提供现成答案，孩子永远不会独立思考。如果亲子关系和谐，孩子的回答也会直言不讳，而我们则得以领略他们的思想。届时，孩子表现出来的敏锐判断、对权利和公平的了解，没准会让我们瞠目结舌。

依照上述所言行动，我们发现孩子自会处理好看电视的问题。如果电视不是权力之争的源头，孩子的兴趣往往会慢慢衰减。如果确保有其他形式的家庭娱乐存在，我们对电视的被动娱乐就不会那么担忧。我们不能强行夺走孩子的东西，这是把我们的意志强加于人，而是可以提供更有趣更好玩的东西，激励和影响孩子，让他们自愿摆脱低级趣味。

只要心中有数，并且相信我们自己解决问题的能力，电视机就不会成为忧虑之源。

第三十七章
对话，而不是训话

TALK WITH THEM, NOT TO THEM

迄今为止，我们在书里多次提及，碰到问题，父母可以跟孩子一起讨论协商。我们在研究中发现，懂得跟孩子对话的父母其实很少。往往说着说着，对话变成训话——虽然还是友好的方式，但孩子听来就像说教。

父母和孩子之间最严重最可悲的问题当数缺乏沟通。如果小时候建立的亲子关系还算合意，那么到了孩子青春期的时候，沟通这扇门可能还是敞开的。而这与我们尊重孩子的能力密切相关，哪怕有时候我们并不赞同孩子。如果我们停下来想想，就会对孩子思维能力的发展叹为观止。孩子凭一己之力——往往是无意识的，观察世界、接收信息、自成体系，然后据此行动。他们可有主意了！我们经常这么说孩子，略带贬义，责怪他们不服从或叛逆，然后反复敲打他们的"越轨"行为，试图把我们的思想强加给他们。我们希望"形塑"他们的性格、品格和思想，仿佛他们是一块软泥，可以任由我们"捏造"。而在孩子眼里，这就是暴政——其实也差不多。当然，这并不是说我们不能或不该影响和指引孩子，只是说我们不能强迫他们进入模子。

论及应对生活，每个孩子都有独一无二的造诣，并在此过程中亲手打造自己独一无二的个性。

我们作为父母的职责，就是引导孩子，所以明智的做法就是探索一番，引导什么以及如何引导。通过观察孩子的行为，发现其目的，我们大概可以知道个八九不离十；如果愿意再深入探究其思想，还可以知道更多。做起来其实不难，因为小孩子表达表现起来真的是无拘无束——幸亏如此！不过，如果我们一味指责、批评、告诫甚至试图改造他们的思想，他们很快就会噤若寒蝉，关闭沟通的大门。

反之，如果我们爽快接受孩子的想法，跟他们一起检视、探讨可能的结果，不断询问如下问题——比如，“那会如何”“你会有什么感受”“别人会有什么感受”——孩子就会产生一种志同道合的感觉。引导性问题迄今仍是沟通思想的最好办法。

指望孩子的思想一直正确，其实荒诞无稽。我们“对”、他们“错”的训话，只会让他们守口如瓶。（对大人来说也是如此。）

“比利！你知道仇恨妹妹不对。真丢人。你必须爱护她。你可是大哥哥。”这就是训话。反之，如下问答——“我想知道，为什么哥哥会不喜欢妹妹？你可以告诉我吗？”“因为她碍事！”“除了恨之外，就没有别的？”——就是对话。我们承认比利敌视妹妹的事实，但不带或好或坏的道德评判。存在就是存在。啥情况和为什么——从孩子的视角观之——才是我们的焦点所在。

作为父母，我们容易自以为是，假定我们对孩子的感受无所不知。“当年，我妹妹因为很可爱，备受奶奶关注，我还记得那种感受！如今，我不会让这种事情发生在我孩子身上。”话说回来，这位妈妈的女儿可能不会让她的可爱妹妹独得所有关注，但也未必会怨恨妹妹，如同妈妈当年的感受，而是以不那么愉快的方式胜过妹妹。她的看法可能跟妈妈完全不同。所以，妈妈最好摸清女儿的感受——而不是推断女儿的感受必然跟她一样。

必须承认，每个人对人对事看法不一，并非非此即彼。

一旦发现孩子的看法跟我们不一样，我们务必慎之又慎。万一我们口无遮拦，让孩子丢脸或受辱，孩子就不会继续信任我们。我们必须认同并接受，哪怕孩子的观点跟我们相异，也并非没有好处。“可能你是对的。我们再琢磨一下，看看啥情况。”我们甚至可以跟孩子说：“我不同意你的观点。”但是，还要补上一句：“可是你有权利这么觉得。让我们等等看。”在互相平等的情境里，每个人必须不断重估他的观点——不是因为僵化的对错观，而是根据现实调整。如果我们希望孩子改变观点，就必须引导他们看到其他更好的可能。把孩子当作合作伙伴，共同打造和睦的家庭关系。他们的观点和看法很重要，因为这是他们据以行动的基础！这些看法构成了孩子的“个人逻辑”，亦即行为背后的潜意识。强迫孩子违背他们的看法行事徒劳无功，因为干坏事正是他们达成不当目标的手段，我们越是反对，他们越是决绝。他们觉得自己有权利对人对事有自己的看法，不容被逻辑反驳。我们必须认识到孩子的“心理逻辑”——亦即，只要可以带来关注、权力或强化错误的自我认知，任何不愉快都是可取的。倾听就是为了发现他们的逻辑。引导就是指引他们采纳可能更有好处、但他们没有意识到的观点。想要权力的孩子也是想被别人喜欢的孩子。可是鱼和熊掌不可兼得。孩子也明白霸凌别人不会受人喜欢的道理，于是，他必须二者择其一。如果我们直接告诉他——“没人喜欢小恶霸”，只会进一步激发他的敌意。“大家对恶霸有什么感觉？如果一个恶霸想要被人喜欢，应该怎么做？他有的选吗？”诸如此类的启发性问题可以引导孩子发现事情的原委以及他所扮演的角色。最后他甚至不得不承认一切取决于他自己！

假设妈妈不小心听到兄弟俩因为打牌出老千而打架的对话，她决定先不介入，等兄弟俩平静下来，再跟他们讨论欺诈的问题。“你们都知道出老千不对，也坏了你们的兴致。既然如此，为什么不规规矩矩的，好好玩牌？”妈妈和善地说。可是这不是对话，而是说教。虽然符合逻辑，但不懂心理学。

不妨假设，过了一两天后，妈妈跟孩子说："有个事儿我一直不明白。"孩子们好奇，妈妈有什么不明白的？一下子来了兴致。妈妈继续旁敲侧击。"比如说两个人玩牌，一个人出老千。那会怎么样？""肯定打架啊。""你们觉得那个人为什么出老千？"从这里开始，孩子的回答就会透露他们的想法。一个说："因为他想赢。"或者，"因为他要比别人大。"另一个说："因为我不想老是输。"每次有人回答，妈妈就问另一个孩子有何看法。她在收集信息，同时想让每个孩子互相知道对方的看法。最后，她可以发问："这样子打牌有意思吗？出老千的人对被出老千的人有何感受？你们觉得这两人还会好好打牌吗？如何做到公平？如何不破坏打牌的乐趣？"这么一问一答之后，妈妈大致可以明白怎么回事，说："很开心知道你们的想法。这对我帮助可大了。"

妈妈埋下了思考的种子。孩子们应该怎么办，压根无须妈妈多言。在妈妈的引导下，孩子明白了问题所在以及可能的解决方案。剩下的让他们自己琢磨，我们等着就好。

没有人——不论大人还是小孩，喜欢面对责任可能在自己的问题，尤其是一开始就受到别人指责的时候。如果我们泛泛而谈——只说“有人”，而不具体到两个男孩或两个女孩，甚至指名道姓，“你”或者“他”——就会创造一种有利于中立客观的距离感。我们都更乐意审视别人而不是自己的问题！如此跟孩子讨论，好像说的是别人家的事儿，往往更容易入手。

不过，有些场合直截了当更有好处。“我有个问题。想知道你怎么想？在我准备晚饭的时候，你想让我指导你的家庭作业。可是我不能一心二用。你觉得怎么样才好？”

我们通过讨论得来的信息，将来都可以成为我们的行动依据。可是如果对孩子的坏行为坏观念只是道德说教，我们就无从得到这些信息，从而徒劳无功。如果我们只是一味指责，孩子势必不会对我们敞开心扉。哪怕他们的想法非常荒谬，我们还是要暂时默认。“没准你说的有道理。可是，如果别人也这么干，你会怎么想？”如果孩子因为我们暗示他的想法不能成立，而不愿意继续讨论，那就暂时搁置。“好好想想，我们过几天再来讨论。没准那时候又有新想法。”

“训话”意味着孩子必须听话，必须服从，必须全盘接受我们的观念。

“对话”则是我们和孩子集思广益，一起改善和解决问题。由此，他们可以创造性地参与家庭和睦的塑造，进而意识到自己也可以有所贡献。当然，这并不意味着他们有权利根据自己的想法经营家庭。所谓讨论，就是我们为了集体利益，一起寻找问题的最优解。很多人觉得，这个新冒出来的“心理逻辑”一味顺从孩子，放弃了成人的领导权。恰恰相反。如果我们不能心平气和地跟孩子好好讨论当前事态，如果我们不让他们直抒胸臆各抒己见，如果我们不注意倾听，那么他们真的会放飞自我，而我们将对他们失去任何影响。我们只能赢得——而不是命令——孩子合作，最好的方式莫过于，大家畅所欲言，各自表达感受和想法，一起探索和谐相处的新法门。

THE FAMILY COUNCIL

第三十八章 家庭会议

家庭会议是以民主方式处理麻烦问题的重要手段。如其名字所言——所有家庭成员开会，讨论如何解决问题。可以每周固定一天，拿出一个小时，专门用来开会，并列入家庭时间表。除非所有家人同意，否则不要轻易改变时间。每个人都要出席。因故不能参加的人也要遵守会议决定。所以，最好每次都在场，可以发表自己的意见。

具体的会议流程和细节由每个家庭制定，但基本原则一样。每个成员都有权利提出问题，每个成员都有权利发表意见。一起努力解决难题，以大多数人的意见为准。父母的声音并不比孩子的更高明更强势。每次会议做出的决定有效期一周，所有人都要执行，没有讨论商量的余地，直至下一次会议。届时如果有人提出上周的决定不合理不合适，大家可以重新商议，再由所有人投票表决。

家庭会议上（家里有八个孩子，年龄从四岁到十六岁不等），妈妈提出晚饭的一系列恼人问题。孩子们总是迟迟上桌。爸爸对他们的拖拉和无礼也很不满。原本舒适的晚饭时间充满敌意和争吵。有个孩子提议，撤掉餐桌，每个人在自己房间里就餐。其他孩子觉得好玩，也表示赞同。妈妈接受了这个提议，爸爸坚决反对。妈妈提到分发食物的问题，孩子说每个人想吃啥自己拿。

“餐具呢？”“吃晚饭我们自己拿到厨房。”“我只负责清洗拿到厨房的餐具。”妈妈强调。因为票数9：1，爸爸只得接受。当天晚饭就开始实施，爸爸妈妈拿了食物到卧室自己吃，不管孩子。一小时后，妈妈把端到厨房的餐具都洗干净了。

四天后孩子开始抱怨。总是有人没把餐具送到厨房，导致没有足够的干净餐具用。还有人抱怨室友食物没吃完不处理，留在房间里发馊。对此，妈妈统一答复：“等下次家庭会议再说。”到了下次会议，这个决议就被废除，因为不管用。他们都想重新回餐桌吃饭。据此，父母引导孩子应该如何遵守餐桌礼仪，从下周开始执行。

孩子年纪再小，也可以参加家庭会议。主席一职由大家轮流担任，以防有人“独霸”会议，而且主席必须确保每个人都有发言权。哪怕父母觉得某个决议令人不舒服，仍然必须忍痛遵守，看效果如何。相比父母的道德说教或过分要求，孩子可以从家庭会议学到更多。

妈妈提出十岁的珍妮和七岁的杰里课后邀请同学来家里玩造成的问题。如果他们都在同一天邀请同学上门做客，家里总是搞得一片狼藉。孩子在屋里屋外跑来跑去，在楼梯上下追逐，追着小狗玩，烤爆米花，喝可乐，乱弹乱敲钢琴，电视音量开到最大。一通抱怨后，妈妈说："我觉得你们应该隔开邀请同学。你们说呢？"珍妮同意，选了周一和周五邀请同学上门。杰里瘫坐着不作声，妈妈就问他周二和周三可不可以。杰里漠然点头。"你们的朋友在家里打闹、胡搞怎么办？"爸爸发言，"应该教他们一些基本的礼仪！""我觉得你们应该跟他们说说我们家的规矩，好不好？"妈妈插嘴。珍妮同意，杰里还是绷着脸。

下周一珍妮带了一个朋友来家里，和和气气一起玩。可是杰里也带了一个朋友回来。"对不起，杰里。今天你不能带客人。""我们在院子里玩可以吗？""可以。"此后半小时，杰里四次到门口询问，能不能进屋看电视，喝点牛奶、吃点曲奇，拿点零花钱。每次妈妈都说"不可以"。过了几分钟，妈妈从窗户恰巧瞅见杰里站在围栏上尿尿。妈妈大声叫唤："对不起，杰里！我想你的朋友该回家了，你也是！"杰里喊了回来："都怪你，不让我进屋上厕所！"

"好"姐姐和妈妈联合起来，让杰里不知所措。因为觉得没有机会通过，他在家庭会议上一言不发，不反对也不提议。不过，他还是默认了会议的决议，虽然闷闷不乐，之后却故意行为不端，发泄不满。

妈妈提出问题后，如果询问每个孩子的意见，效果可能更好。第一次征求孩子意见的时候，他们可能会茫然无措，想不到什么法子。没关系，妈妈可以稍后提出她的建议。用提问的方式表达建议，效果更好。比如，“如果你换个日子，会不会好点儿？”或者，“如果……怎么样？”

如今杰里已经表达了他的感受，下次家庭会议可以对此加以讨论，如果妈妈理解儿子的话，甚至可以引导他参与。“我想知道的是，杰里是不是觉得自己没有机会。他似乎对会议的决议不是很满意。你觉得呢，杰里？”随后大家讨论将来应该怎么办，或许这时候可以第一个征求杰里的意见。一开始他可能不配合，如果妈妈继续表示对他的想法感兴趣，没准他会克服成见，参与讨论。

如果只有父母一方提出麻烦问题和解决方案，那就称不上是家庭会议，必须鼓励孩子参与进来。

一个家庭有三个女儿，父母都受过大学教育。女孩们在家庭会议上突发奇想，家里应该买一个新房子。大女儿决定为此捐献15美元，二女儿10美元，三女儿5美元。父母这下子被难住了。这可如何是好？手足无措、一头雾水，他们向我们求助。

父母本以为孩子对买房子的费用毫无概念。一问，还真不是，她们估计购房费大致是3万美元。父母又愣了一下，因为真实费用的确差不多如此。这可如何是好？我们建议爸爸捐资50美元，女儿想买房就让她们买去。

爸爸接受了我们的建议。后来这个事儿也不了了之。

话说回来，如果女儿坚持让爸爸付款买房呢？爸爸可以诉诸公平。“为啥？家里五口人，我只是一分子，为什么剩下的钱都要我付？”爸爸甚至可以同意女儿买房的想法，但要求她们一起筹钱。

放飞我们的想象力，设身处地为孩子想辙，或许我们就不会被这些难题困住。父母可以开门见山，亮出自己的底牌，然后把问题抛给孩子，大家继续深入讨论。

家庭会议的成功秘诀在于，所有人愿意勠力同心，解决家庭争端，因为大家同在屋檐下，难免各种摩擦。同理，解决争端的办法也需要全家人一起想辙。如此，才可以发展相互尊重、相互负责任的亲子关系，促进家庭平等——而这是民主家庭生活的基石。

育儿新原则

1. 鼓励孩子（第三章）
2. 避免惩罚和奖赏（第五章）
3. 运用自然后果和逻辑后果（第六章）
4. 坚定但不支配（第七章）
5. 尊重孩子（第八章）
6. 引导孩子尊重秩序（第九章）
7. 引导孩子尊重他人权利（第十章）
8. 不批评和少犯错（第十一章）
9. 保持作息规律（第十二章）
10. 花时间训练孩子（第十三章）
11. 赢得孩子的合作（第十四章）
12. 避免过度关注（第十五章）
13. 避免权力之争（第十六章）
14. 退出冲突（第十七章）
15. 行动！而不是空话（第十八章）
16. 不要“赶苍蝇”（第十九章）
17. 取悦孩子务必小心：有勇气说“不”（第二十章）
18. 不要冲动，出其不意（第二十一章）
19. 避免过度保护（第二十二章）
20. 激发独立（第二十三章）
21. 置身“架”外！（第二十四章）

22．不为恐惧所动（第二十五章）

23．少管闲事（第二十六章）

24．拒绝怜悯（第二十七章）

25．合理要求，少提要求（第二十八章）

26．说话算数，坚持到底（第二十九章）

27．一视同仁（第三十章）

28．倾听！（第三十一章）

29．注意说话的口气（第三十二章）

30．放轻松（第三十三章）

31．让“坏”习惯降级（第三十四章）

32．有乐同享（第三十五章）

33．对话，而不是训话（第三十七章）

34．家庭会议（第三十八章）

Appendix

附录
运用篇

如下案例，我们建议父母逐一阅读，仔细研究，想明白怎么回事，违反或遵守了哪些原则，以及如何改善。别把心思用在如何对付孩子身上，而是要研究亲子关系如何互动。我们的目的是让父母更有办法，在孩子调皮捣蛋的时刻，知道该做什么不该做什么。当然，这些案例不是只有一个正确阐释，父母的应对也可以多种多样。不存在唯一“正确”的答案。每个案例之后只是我们的点评。

案例1

三岁大的安把沙拉撒到桌上。“自己收拾，安。”妈妈说。安噘着小嘴，一动不动。“赶紧的。自己弄的，自己收拾。”妈妈等着。安继续噘嘴。后来妈妈一言不发，动手收拾了。

★点评

妈妈的命令——“自己收拾，安”——无疑挑起了权力之争。但她后来屈服，“赶苍蝇”，实在没有必要。

妈妈一开始就不应该冲动，着急下命令（18,5）。[1]“现在怎么办呢？”没准可以让孩子有所回应，自告奋勇收拾。如果安毫无表示，妈妈必须坚定，甚至可以抓起安

① 括号内的数字表示运用的原则，详见“育儿新原则”。

的手收拾。如果安还是抗拒，妈妈可以要求她离开餐桌（11，3，6，4）。

案例2

八岁大的拉尔夫总是把干净的衣服到处扔。妈妈试了好久，想让他学会收拾。后来一怒之下，把所有乱扔的衣服藏起来了。下周日，拉尔夫找不到衣服穿。“嘿，我的礼拜服呢？”他大声嚷嚷。妈妈告诉他衣服收起来了，他只能穿校服去星期日学校，拉尔夫立刻大发脾气。“跟你说过多少次了，拉尔夫。你就当一次教训吧。”“那我不去星期日学校了！”拉尔夫尖叫。“不行，你必须去。赶紧穿衣服。来不及了。”“我不去，不去，不去！”妈妈最后妥协，但拉尔夫就是不穿衣服。“好，如果你可以保证放学回家就把衣服挂起来，我就把衣服还你。”“我保证。”拉尔夫急忙穿衣服。可是回来后，他还是乱扔衣服。

★点评

妈妈一开始没错，遵从逻辑后果。但她卷入权力之争，最后妥协，以失败告终。

妈妈可以跟拉尔夫讨论，就如何收拾衣服达成一致；如果忘记收拾，会有什么后果（33，6，11）。拉尔夫如果发脾气，妈妈可以一言不发，如有必要，甚至可以假装上洗手间（14，15）。再后来，可以带他去星期日学校，或任由他干吗（3）。

案例3

三岁大的露丝磨磨蹭蹭，老是不为睡前的兜风之旅做好准备。后来妈妈爸爸自行上车，对她说："显然你不是很想出去兜风，但我们想。再见，亲爱的。很快回来。"等他们兜完风回来，谁也不说话。第二天晚上，露丝早早做好了准备。

★点评

爸爸妈妈摆脱了露丝的过度要求。

他们压根不强迫露丝（13），而是让她为自己的行为负责任（4）。同时坚守既定常规，运用逻辑后果（3，9）。

案例4

妈妈把三岁的玛丽莲裹得严严实实，好去雪地上玩。刚出门不久，玛丽莲就在后门哭。妈妈发现她脱了连指手套，双手冻得通红。妈妈赶紧给她戴回去，解释说："你的小手挨冻了，亲爱的，如果你一直戴着手套就不会。这就是手套的作用。现在是不是好多了？没错吧。去玩吧。"几分钟后妈妈透过窗户，发现玛丽莲又把手套脱了。这回爸爸出去给她戴上。就这么反反复复好多次，爸爸简直疯了。“不管她，让她挨冻，”爸爸说，“给她一个教训。”“你这什么想法！”妈妈反对，“她会冻坏的！”妈妈又出去给她戴上，最后也被搞得火冒三丈，把玛丽莲拖回家，揍了她一顿。

★点评

玛丽莲装作无依无靠，以此让父母为她服务，可怜她。

父母可以避免过度关注玛丽莲（12）。她已经知道的事情——手套是用来保暖的！——不需要反复告诫。父母无须表现得过分关切（30），让自然后果说话（3）。玛丽莲如果为了让人可怜她而大哭，爸爸妈妈不要上当（24），可以告诉她：“很抱歉你的手挨冻了。但我确定你知道应该怎么办。”（20）如果玛丽莲没完没了，父母可以禁止她出去玩（3）。

案例5

在海边游过泳，四岁大的南希和妈妈进淋浴房洗澡。南希说她不想洗。已经洗干净的妈妈说：“好的，亲爱的，可是你浑身黏糊糊的、都是沙子，不能上车。”妈妈关掉喷头，擦干身子，不再多言。南希沉默了一会儿，突然跳起来冲澡。

★点评

妈妈激励南希合作。首先，她定下规矩（6），避免卷入权力之争（13），而且很坚定（4）。通过运用逻辑后果，妈妈让南希合作和尊重秩序（6，11，3）。

案例6

九岁大的斯坦没洗手就上桌吃饭。“啥意思，邋里邋遢就上桌吃饭？”妈妈一顿训，“什么样子！一双手总是脏兮兮的。瞧瞧你的头发。难道你从来不梳吗？瞧瞧你的衬衣——也是脏兮兮。还有你的毛巾！”斯坦被她训得眼泪直流：“还有别的吗？”

★点评

斯坦为了找到自己的位置故意不守秩序。至少妈妈注意他了，虽然对他劈头盖脸一阵批评。

斯坦没洗手就上桌，妈妈只要这么说即可：“你这样子不行。没洗手不能上桌。”（15，6）斯坦洗过手回来，妈妈可以说：“很高兴你知道怎么照顾自己。”或者说：“很开心你今晚这么干净。”（1）

案例7

“站我边上别动，玛丽！”妈妈在银行柜台填表格的时候吩咐两岁半的女儿。玛丽走开了几步。“回来！”妈妈叫她。玛丽站着不动，妈妈继续填表格。趁妈妈不注意，玛丽跑向敞开的门口。“玛丽，给我回来！”玛丽装出一脸严肃的样子，但眼睛眨个不停，跑到马路边上。“随你，别让车撞到！”妈妈威胁说。随后转向出纳员窗口，就让玛丽在那儿站着。

★点评

玛丽在跟妈妈玩游戏，故意让妈妈焦虑、忙乱。妈妈说得太多，想用威胁——虽然她永远不会让女儿被车撞到——控制女儿。

妈妈应该抓住玛丽的手，把她留在身边，可以不用多说（12，14，15）。

案例8

妈妈付过账离开杂货店，发现五岁大的格雷格手里有一包打开的糖果。“哪来的？”妈妈厉声问。格雷格的眼泪一下子冒出来。“那里。”他指了指杂货店。“你这个坏孩子！怎么可以干这种事？难道你不懂这是偷窃吗？现在还要我买单，难道我们家里糖果还少吗？”妈妈一边说一边揍格雷格，然后回柜台买单。

★点评

格雷格遂其所愿，妈妈却要承担后果。

妈妈应该避免批评和谩骂（1），不以惩罚为育儿手段（2），少说话（15）。她可以坚持让格雷格自己去买单（10），或者扣他的零花钱（3）。

案例9

妈妈坐在游乐场，跟几个新妈妈聊天。两岁大的迈克从一辆婴儿车跑向另一辆婴儿车，拽住车子一侧用力晃动，似乎想把婴儿车掀翻。每回他这么干，妈妈都大声叫唤“迈克，别这样”，然后回头继续聊天，所以迈克毫不上心，继续如此。后来一个妈妈起身，把宝宝和婴儿车拉到身边，用手护住。迈克的妈妈也站起来，揪住迈克，打他后背。“说过多少次了，让你别这样！”迈克跑到沙坑里，坐下来玩。

★点评

迈克故意让妈妈忙碌，不让她好好聊天。

妈妈可以避免过度关注和“赶苍蝇”（12，16）。可以少说多做（15）。迈克一调皮捣蛋，妈妈就可以把他放上婴儿车。迈克如果尖叫抗议，妈妈可以不理睬，退出冲突（14），让他号就是。等迈克平静下来，就可以重获自由。一旦他又调皮捣蛋，就必须回到车上（3，10）。

案例10

还有几分钟就是睡觉时间，南希的玩具扔得满客厅都是。

妈妈说："该睡觉了。你想让我帮你收拾，还是你自己来？"以前妈妈这么说总能奏效。可是今晚，三岁半的南希反常地说："我不想收拾。我太累了。你来收拾。""不行，南希。我想看会儿书。"妈妈抱起一本书。很快，南希说："我现在想收拾了。你可以帮我吗？""当然，亲爱的。"她们一边收拾，一边讨论明天干什么好。

★点评

南希在试探妈妈。

妈妈退出冲突（14），避免卷入权力之争（13），赢得孩子的合作（11），而且不批评孩子（8）。她答应帮助南希，但拒绝为她收拾玩具。

案例11

"妈妈，我想买点糖果。"在收银台排队的时候，五岁大的朱迪哼哼唧唧。一排漂亮的糖果吸引了她。"不可以，"妈妈说，"家里多得是。"一副斩钉截铁的样子。"可是我现在就要！"朱迪大声哭闹。妈妈瞟了其他排队的人一眼。"我的钱可能不够。"妈妈有点心虚。"可是我现在就要这个糖果！"朱迪拿了一块糖果棒，大声尖叫。"多少钱？"妈妈问，对着价格犹豫了半天。最后，一声长叹，妈妈说："好吧，我们买。"朱迪开心地撕开包装，咬了一口，就把糖果包起来，扔到购物车上。

★点评

朱迪觉得自己有权利想要什么就有什么。她要的不仅是礼物，还要妈妈服服帖帖。

妈妈用不着满足朱迪的任何愿望，尤其是条件不允许的时候。她不必取悦孩子，有勇气说“不”（20），然后坚决不理会朱迪的挑衅（17，7）。

案例12

为了给十二岁的艾伦、十岁的维吉尼亚和八岁的迈克分配家务活，妈妈简直快疯了。后来她和爸爸想出一个新招。爸爸在厨房装了一块公告牌。每个孩子都分配了具体任务，按劳取酬。干得好的活儿比勉勉强强通过的工钱更高。如果实在糟糕或压根没干，就没有工钱可拿。好行为有奖励。坏行为倒扣钱，不守规矩也是。每天吃过晚饭，一家人就聚在公告牌前计分。每周末结算一次工分，获得相应工钱。家里的摩擦果然少了许多，妈妈觉得很有改善。

★点评

孩子们因为家务活而争吵，搞得父母疲于应对。哪怕父母想出来新招，也是对孩子的过度关注。因为通过奖惩控制，父母教会孩子将物质报答与应尽义务挂钩，而不是通过参与和合作获得满足感。

父母应该废弃奖惩体系（2）。召开家庭会议，让孩子自行分配家务活（34），然后坚持让孩子完成任务（4，9）。孩子一旦有分歧，父母应该立刻退出冲突（21）。

案例13

六岁的唐尼、四岁的帕蒂和狗冲进厨房，脚上全是泥。“哦，你们这些淘气鬼！”妈妈大声责骂。“我刚拖完地板。你们怎么想的？看看你们干的好事。跟你们说过多少次了，进屋前把脚擦干净。现在给我乖乖坐着，脱掉鞋子。我又要擦一次地板！”妈妈把脏鞋子扔到外头，回头再洗，又开始拖地。孩子们穿着袜子跑来跑去。

★点评

孩子不懂规矩，爱干吗干吗，妈妈独自承担苦果，逆来顺受，最多骂骂咧咧几句。

妈妈应该停止空话，这不是武器（15），把拖把交给孩子。谁弄脏了谁拖地，这才是逻辑后果（3）。否则，厨房满地是泥，她还怎么做饭？

案例14

妈妈想教一岁的凯西学会用杯子而不是用瓶子喝奶。凯西坐她腿上，妈妈拿着杯子给她喝了一口。凯西立刻抗拒，把杯子推开。“瞅见那只小鸟没，”妈妈试图转移她的注意力。凯西坐直了看小鸟，妈妈又给她喝了一口。每回凯西抗拒，妈妈都及时转移话题。于是，凯西越喝越大口。

★点评

妈妈很想做一个“好”妈妈。可是她对自己缺乏自信，导致她以为凯西对任何新体验都会抗拒。

妈妈应该让凯西坐在儿童座椅上，相信凯西一定很想学习新东西（5）。训练的时候她可以装作漫不经心，不要过于焦虑。她可以把牛奶和其他食物一起放在杯子里，不要诱哄也不要让凯西分神。每次喂奶都要把瓶子藏起来（9，10）。很快，凯西就会适应用杯子喝奶，否则只能挨饿（3）。

案例15

六岁大的乔治每回生气或受挫，就会缩在客厅的椅子里吃大拇指。妈妈为此担心了快五年。她试过涂苦膏药、绑胶布、上手指夹板甚至打屁股，都没用。由于经常吮拇指，乔治的门牙都有点变形。每回妈妈瞅见乔治缩在那里就很害怕，因为她知道乔治又不开心。“怎么啦，乔治？”她很同情地问，“别再吃大拇指了，宝贝。真的一点儿好处都没有。跟妈妈说说，啥事不高兴？”有时候乔治会回答，有时候不作声继续吃，直到妈妈把他的手指拿走。但很快又吃起来，一声不吭。妈妈求爷爷告奶奶想知道咋回事。一旦乔治回答了，妈妈就会想方设法为他“解决问题”。

★点评

乔治只求自己舒服满足。另外，他还用“不开心”让妈妈担惊受怕，惩罚妈妈。妈妈忍不住同情可怜他，为了让他开心，竭力安排他的生活。

妈妈应该不理睬乔治吮拇指的恶习（31），对他郁郁寡欢缩在椅子里的行为完全不当回事（12，24）。等乔治开心的时候，妈妈可以跟他聊聊，找到他不开心的原因。鼓励他，让他恢复活力，觉得天生我材必有用（1）。

案例16

七岁大的莎莉是三个孩子中的老二，想帮妈妈拿新买的玻璃杯。“不用，莎莉。我来拿。可能会被你摔坏。”“求你了，妈妈。我会小心的。”“哦，好吧。不过千万小心，别摔了。”妈妈拿着好几个包裹，跟在女儿后面。上楼的时候，莎莉踩到大衣失去平衡，连人带杯子摔倒，放声大哭。妈妈绝望地放下包裹，打开盒子，发现只有两个杯子没破，气得破口大骂："跟你说拿不了！为什么你总觉得自己啥事儿都可以？为什么这么笨手笨脚？你以为我们家很有钱，可以买那么多杯子让你打破？现在回你自己房间。晚上不许吃饭。没准你以后会小心点！"

★点评

果然如妈妈所料，莎莉失手了。妈妈怀疑甚至指责莎莉的能力，对她可谓沉重打击。

妈妈应该一开始就信任莎莉，以免强化孩子错误的自我认知（1，5）。莎莉出错后，她不应该批评指责，而是若无其事地接受（8）。莎莉已经够惨了。相比破损的玻璃杯，妈妈应该更关心莎莉是否受伤。"很遗憾你摔倒了，但我知道你不是故意的。"

案例17

爸爸回家后发现他的工具在草坪上到处都是，原来九岁的比利把旧推车改装成了一辆"赛车"。爸爸勃然大怒，在一个街区外找到比利，勒令他马上回家。从爸爸说话的口气，比利知道惹麻烦了。他靠近爸爸，怯生生地问："怎么啦？"爸爸指着散落一地的工具，比利不敢吭声。"跟你说过多少次了，工具用完了要收好。为什么你老是把我的话当耳边风？"比利盯着地面不说话，吓得缩成一团。“臭小子，不想回答吗？”“我也不知道，爸爸。”“好，那我只能揍你一顿。下次你就会记得收拾工具。”爸爸把比利拉过来，打他屁股。比利一边抽噎，一边收拾。

★点评

爸爸用愤怒恐吓比利，因为他不尊重秩序，也不尊重他人权利。同时，爸爸误以为说教和惩罚是有效的育儿手段。

上述案例表明育儿需要合适的训练。爸爸应该多跟比利讨论，在工具的使用和保管上达成一致（6，7，33）。甚至可以给比利买一套工具，让他自己负责保管（23）。一旦有工具丢失或受损，爸爸必须坚定不移，不给更换（4）。如果比利非要不可，只能用自己的零花钱购置新工具——否则就没有工具可用（3）。

案例18

爸爸妈妈带两岁的杰克到朋友家做客。“我们实在为杰克骄傲，”妈妈宣称，“他已经不用穿尿布了。过去两个星期一次没尿湿。”此后一个钟头，妈妈六次询问杰克要不要上厕所。最后他勉强说“要”。爸爸高兴得跟什么似的，赶紧拉着杰克上楼尿尿。

一个星期后，朋友回访。吃饭期间，杰克跟爸爸说了三次要上厕所。每次爸爸都带他去，而且都尿了。

再过一周，爸爸告诉朋友："实在难以理解。杰克又开始尿床尿裤子了。不仅纸尿布又穿上了，甚至不愿意告诉我们什么时候要换尿布。"

★点评

爸爸妈妈对如厕训练如临大敌。他们过于关注一个普普通通的学习过程，促进了权力之争，因为这事关乎他们的面子。

他们应该信任杰克可以自己学会如厕（1，5），态度上可以更加漫不经心一些（30）。杰克必须学会自己上厕所，这是当前情境所需，而不是父母引以为傲的"尿不湿"的裤子。

案例19

妈妈因为早上要工作，就雇了一个保姆带娃。一天，妈妈回家后发现三岁的丽塔用蜡笔在房门、沙发和椅子上乱涂乱画。那天下午妈妈本来打算带丽塔去海边玩。吃过午饭，她说："去海边玩之前，我们必须先把你的那些涂鸦清理干净。你可以帮我，如果你愿意。"丽塔瞅了妈妈一眼，拿起抹布，跟妈妈一起刷。每隔一会儿，小女孩就问："我们什么时候去海边啊？""等我们刷干净了。"妈妈回答。后来，妈妈不得不承认时间太迟了，去不了海边。丽塔默默接受了妈妈的决定。

★点评

妈妈给我们上了一堂育儿课。她没有强令丽塔清理涂鸦，避免了权力之争（13）。虽然坚定，但她邀请女儿帮忙，赢得了孩子的合作（11）。最后，她遵循逻辑后果（3），让丽塔懂得形势比人强的道理（6）。

案例20

“莉莉，这周你不能跟简去看电影，因为你们上回疯得太晚了。”妈妈平静地告诉九岁的女儿。小女孩立刻掉泪，转过身，一言不发。妈妈有点被吓到，没想到莉莉反应这么大。“这周演什么，莉莉？”“有什么关系，妈妈，反正去不了。”她呜咽着回答。“我记得你说过，是一部迪士尼动画片？”“对。”妈妈考虑了一会儿。“如果这次让你去，你看完电影就会回家吗？”莉莉含泪说：“一定会的，妈妈。”“好，那我答应你。可是如果你不按时回家，下周无论如何都看不了电影。明白吗？”“明白，妈妈。”

★点评

莉莉发现了“泪水”的力量，博得妈妈同情，达到自己的目的。妈妈则落入她的陷阱，没有勇气说“不”，也不够坚定。

对莉莉的眼泪、伤心和沮丧，妈妈可以视而不见（24）。莉莉不按照约定时间回家，逻辑后果就是下次没电影看（3）。妈妈必须坚定（4），维护秩序（6，26）。

案例21

把四岁的蒂米收拾干净后，妈妈带着他到后院玩。刚入夜，家里有客人。“别把衣服弄湿了，蒂米。”妈妈坐下来后提醒他。后院有一洼浅水。蒂米玩了一会儿玩具后，走到水边玩船。“蒂米，别弄湿了。你最好离水洼远点。”小男孩噘着嘴，站在水边，然后双膝跪地，把船放到水里。“如果你弄湿了衣服，爸爸准会揍你。”妈妈又说。蒂米不理她，继续玩。突然他探得太远，整个人落到水里，衣服全湿了。爸爸赶紧冲过来，把他拉出来。蒂米号啕大哭。妈妈又怪他：“跟你说了别在水边玩。你看，衣服全湿了。”爸爸带孩子进屋换衣服。

★点评

蒂米我行我素，把妈妈的话当耳边风。“别弄湿了”招来权力之争。既在水边玩，哪能不湿身，妈妈的要求有点过分。后来又以惩罚威胁蒂米，但没有坚持到底。

妈妈应该避开权力之争，不强令蒂米该做什么不该做什么（13）。她可以视情况而定，蒂米要不要远离水洼。如果那天晚上天气温暖，落水了也没啥关系。再说了，如果不是妈妈啰里啰唆，想控制蒂米，孩子未必会落水。妈妈的要求应该合理，然后多行动，少空话，维持秩序（25，26，6）。

案例22

七岁大的约翰在户外玩，不久妈妈听到打架的声音，决定出来看个究竟。原来约翰抢了邻居家孩子的玩具，死活不给。显然，看到别的孩子大喊大叫，他很开心。妈妈叫约翰过来，可是他不想离开那些玩具，妈妈只好走过去。“约翰，亲爱的。你应该跟小朋友分享玩具才对啊。”约翰瞪着其他孩子，他们站着准备看好戏。妈妈伸手拿了一个玩具。约翰立刻大吼：“住手！”“约翰！你到底怎么想的！绝对不可以这样。现在给我回家睡觉！”妈妈把约翰拖进屋，扔上床。约翰哭着睡着了。

★点评

约翰调皮捣蛋，让妈妈忙前忙后。首先，妈妈卷入了约翰跟邻居家孩子的纷争，然后又滔滔不绝说教，最后以惩罚孩子收场。

妈妈应该少管闲事（23），让孩子自己解决纠纷。他们会的！之后，妈妈可以再跟约翰讨论（33），他们是如何解决的。

案例23

“玛莎！起床了！”妈妈摇晃八岁的女儿。“再不起来就要迟到了。快起来。都叫你三回了！”玛莎爬了起来，妈妈回厨房。“玛莎，赶紧的！”妈妈没多久又叫唤。“我警告你。今天早上我不会开车送你。你应该养成早起早到的习惯。”玛莎终于出现在餐桌边，可一边吃饭一边看漫画书。“别看了，专心吃饭。要迟到了！”这时电话响了，妈妈跟姐姐煲起了电话。突然玛莎一声尖叫：“妈妈！只有十分钟了。求求你，赶紧开车送我上学！”“不行，玛莎。你自己去。”“可是妈妈！哪怕我跑着去也来不及了。求你了，妈妈，开车送我吧！”“我说了不行，玛莎。”“可是妈妈，今年我没有一次迟到过。求你了，就这一回。我不想留下坏记录，你也不想，对不对？”“唉，好吧。”妈妈告诉姐姐先挂了，开车送女儿上学。

★点评

玛莎让妈妈负起全部责任，忙前忙后。妈妈缺乏坚持到底的勇气，为了记录好看、面子好看，影响了对女儿的训练。

妈妈应该给玛莎一个闹钟，让她自己准时上下学（20，23）。不论孩子如何撒娇诱哄，妈妈都应该坚定不移，绝不开车送她上学（4，26）。

案例24

妈妈在洗衣房。八岁的罗丝、六岁的乔伊丝和两岁半的苏珊在卧室玩。突然，妈妈听到苏珊大声尖叫，声音好像被什么遮挡了，她赶紧冲到卧室。原来，罗丝和乔伊丝把苏珊关在衣柜里，死死按住门。因为苏珊叫个不听，她们没听见妈妈进屋。"别闹了！"妈妈大叫，伸手揪她们，两个小女孩赶紧往后跳。妈妈打开衣柜门，把苏珊搂在怀里。等苏珊缓缓平静下来，妈妈厉声说："这种事儿你们怎么干得出来？你们知道她怕黑。""我们只是闹着玩，妈妈。""谁会这么折磨小妹妹？"妈妈抱着苏珊，气呼呼离开卧室。

★点评

罗丝和乔伊丝结盟，把护犊情深的妈妈耍得团团转；苏珊，则用恐惧控制妈妈。

妈妈必须学会倾听（28），分析苏珊尖叫的含义。虽然听得出恐惧，她却可以不理睬（23），不被苏珊对黑暗的恐惧打动（22）。同时，不卷入姐妹之间的小吵小闹（21）。如果妈妈不急匆匆跑过来解围，很有可能两个姐姐就会把苏珊放出来。另一个可能，如果妈妈实在不忍心，可以平静地进屋，让苏珊出来，然后立刻又去忙自己的事儿，不用多说话。另外，在家庭会议上，妈妈可以就姐妹的角色和身份展开一系列讨论。“你们这么逗弄小妹妹，有什么乐趣呢？我们应该做点什么？”

案例25

六岁的珍吃饭吃到一半，朋友叫她。珍一跃而起，跑到门口。“回来，珍。先吃饭！”爸爸厉声说。珍站在门口，继续跟朋友聊天。爸爸走过去，把她拉回餐桌坐下，说：“现在不可以，先吃饭。”珍瘫在椅子里不动，噘着小嘴，一口饭不吃。不耐烦的爸爸开始说教。珍还是坐着不动。最后妈妈问：“吃饱了吗，珍？”“吃饱了。”“吃饱了就去玩吧。”爸爸忍不住插嘴：“既然你妈妈发话了，去吧。”珍一溜烟就跑了。爸爸妈妈谁也不吱声，默默吃饭。

★点评

珍让父母卷入权力之争，进而导致父母失和。“回来”是权力之争的导火索。爸爸还忽视了珍的交际需求。既然爸爸在处理此事，妈妈应该少管闲事（23）。一家人必须对餐桌礼仪达成一致（9，34）。不过，哪怕有“没吃完饭不能离席”的约定，珍与朋友交好的权利应该更优先，应该允许珍跟朋友说，他们正在吃饭，一会儿再跟她玩（5，7）。

案例26

一阵大风突然把窗帘刮落到客厅，撞翻了一大瓶花。妈妈急忙过来拖地，担心地毯受损。“阿黛尔，帮我给烤肉涂一层油脂，好吗？”“我不懂怎么涂，妈妈。”小女孩哼哼唧唧。“你见我涂过无数次了，像我那样就成。”阿黛尔去了厨房。没过多久，妈妈听到噼里啪啦响以及尖叫声，赶紧冲进去。只见烤肉、土豆、烤盘和酱汁摔了一地，阿黛尔因为手被烫伤，也哭得稀里糊涂。“阿黛尔！简直了，没见过像你这么没用的。这么简单的事儿也干不好。先给我出去！”“可是我的手烫伤了。”“涂点药膏。”“怎么涂？右手烫伤了。”妈妈无可奈何，找到药膏，给她涂好，继续回厨房收拾。

★点评

阿黛尔越是觉得无助就越没用。

妈妈可以拒绝接受阿黛尔错误的自我认知，通过提供可以让她成功的经验鼓励她（1）。总之，妈妈不要批评并且无视阿黛尔的犯错（8）。就此案例而言，因为妈妈不能同时处理两件事情，她应该判断哪个更要紧，自己去处理，而不是让阿黛尔去做她没有做过的事情（25）。妈妈可以花时间训练阿黛尔（10），学习新知，解锁新能力，而不是贸然让她帮忙。

案例27

妈妈的两个朋友来访。四岁大的帕齐站在边上，瞅着八个月大的比利在地上爬。妈妈和朋友对聪明伶俐的比利赞不绝口。突然，帕齐冲过去，咬了比利的胳膊。妈妈跳起来，抓住帕齐，打她屁股，大骂："为啥咬你弟弟？现在给我回房间，想明白了再出来！"说完又打帕齐，把她赶走，抱起比利安慰。

★点评

帕齐这是嫉妒小弟弟，进而报复妈妈，进而又被妈妈打骂。

咬都咬了，无法挽回。妈妈的行为只会让帕齐更加坚信，不论弟弟如何被关注，她都要报复。妈妈可以出其不意，搂着帕齐说："我明白你的感受，亲爱的。对不起，让你这么生气。"(18)

案例28

一岁半的露西发现了堆起的炉底石，不停地爬上去。每回妈妈都把她抱下来，说："不可以，不可以。"可是一旦没人管，露西又会晃晃悠悠地爬上去。妈妈又会把她抱下来，说："不可以，你会摔伤的。"来来回回五次之后，妈妈终于动手打孩子屁股，带她离开房间。

★点评

露西在试验她的力量和勇气。妈妈对她过度保护，反而适得其反。首先，她说“不可以”，其实是在“赶苍蝇”，后来又用体罚作为育儿手段。

妈妈应该充分信任露西运用肢体、学习新技能的能力，任由她爬（5）。如果妈妈不对爬炉底石这件事大惊小怪（12），露西学会这个新技能后，自然会失去兴趣。另一个可能，如果爬炉底石确实是不可接受的失序行为，每回露西爬上去，妈妈可以默默但坚定地带她离开房间（2，15）。

案例29

六岁大的杰里跟姑妈打招呼：“你好，黄脸婆！”妈妈立刻给了他一巴掌。“别再让我听到你这么说话。尊重呢？赶紧跟姑妈道歉！”杰里又气又恨，含泪道歉。

★点评

杰里自作聪明，口无遮拦。妈妈一怒之下，打了他一巴掌。

可是，这是杰里跟姑妈的事儿，妈妈应该少管闲事（23）。姑妈倒是可以出其不意，不动声色，或者跟杰里开个玩笑，以牙还牙。

案例30

六岁大的桑迪站在一边，看工人挖坑，装防风栅栏。很快他就开始把挖出来的土踢回坑里。工头不乐意了："嗨，小子。别踢了。"桑迪越踢越起劲。妈妈听到动静，跑到门口看个究竟。虽然工头骂个不停，桑迪还是继续踢，妈妈则不动声色。后来工头走过来跟妈妈说："你怎么不阻止你们家孩子？""怎么阻止？难不成我一整天站在这里，不让他踢土？"桑迪继续踢。工头气急败坏，威胁说要把他打得屁滚尿流。桑迪哭着跑回家。没多久又跑出来骚扰工人。直到爸爸回家，不让桑迪出门。

★点评

桑迪真是强大的"坏"孩子。妈妈默许了他的调皮捣蛋，不加干涉。

其实，妈妈可以有所作为，不用惧怕桑迪。她必须教导孩子尊重他人权利（7）。如有必要，可以把孩子领回家。如果妈妈的行为只是为了维持秩序和尊重，而不是让桑迪服从自己，母子俩就不会陷入权力之争。

案例31

五岁的琼是独生女，也是家里唯一的孙女和侄女。邻居家邀请她和妈妈参加露台晚宴。因为琼跟邻居家两个女孩露西和玛丽一起玩，主人就单独为她们支了一张餐桌。大伙儿坐下来吃饭，琼开始哭闹。“我想跟妈妈坐。”她含泪说。“乖，宝贝。你跟露西玛丽一起不是挺好嘛。来，吃吧。你看一切都好。”琼还是哭闹，反复说：“我想跟妈妈坐。”妈妈有点生气了：“再闹我就带你回家！”琼还是哭。妈妈没辙，把琼的椅子拉过来，跟她挨着坐。

★点评

被宠坏的琼一向随心所欲，不顾场合。妈妈跟她“讲道理”，想让她合作，接着威胁带她回家，但都没有坚持到底。最后，只能屈服于“泪水”。

妈妈为了维持秩序，可以坚决地说：“孩子必须跟孩子坐，琼。”（6）如果琼还是哭闹，妈妈可以说：“琼，你想跟露西玛丽一起吃饭，还是我带你回家？”（11）不论哪个决定，妈妈都要坚持到底（26）。

案例32

八岁的罗伊打了三岁的珍妮特，因为她弄乱了他的牛仔玩偶。妈妈责骂他：“你有什么毛病，罗伊？为什么老是欺负你妹妹？”“她总是乱弄我的东西。”“她还小，罗伊。你没有权利打她。现在回屋去！”“你不能命令我！”罗伊顶撞妈妈。“那我们走着瞧。”妈妈把罗伊拖到屋里，关上门。罗伊立刻把门打开。妈妈又把他推进去，关上门，拧住把手。罗伊从里面使劲，想把门打开。最后妈妈扛不住松手，拿起一把毛刷，揍罗伊。罗伊在床上又哭又踢。

第二天，罗伊还跟珍妮特玩。妈妈进屋恰好瞅见罗伊在珍妮特的脖子上套了一根绳子。“罗伊！”妈妈一声大喝冲过去，拉走罗伊，松开珍妮特脖子上的绳子。珍妮特毫无怨言，一言不发，冷冷地看着妈妈揍罗伊。

★点评

这是紧随着报复的权力之争。

妈妈无法阻止罗伊各种形式的报复。每回惩罚罗伊都让他狠下心报复。妈妈可以少管闲事（23），退出冲突（21），让珍妮特自己照顾自己（19），不理睬每个孩子的挑衅。当然，她必须从珍妮特的脖子上拿走绳子！但可以悄悄的，不用大惊小怪，这正是罗伊希望的。罗伊也许并非真想伤害小妹妹，而是知道如何精准打击妈妈的脆弱之处。妈妈可以出其不意（18），对罗伊搂抱、亲吻或微笑（说不定会让他不知所措！），然后再来纠正兄妹关系。

案例33

日用杂货装上车后，四岁的杰伊死活不想上车。妈妈拽住他的胳膊，他用力绊脚、拖曳、哭喊甚至想扑倒在地。妈妈后来一松手，杰伊砰的一声摔到沥青马路上。“好吧，随你便，你就这么躺着吧！”妈妈怒不可遏，自己上了车，假装要离去。杰伊偷偷用眼角打量，还在生闷气。过了一会儿，路人的目光让妈妈很不好意思，她就从车里出来，抓起杰伊，硬塞进车，揍他。杰伊尖叫抵抗，在后座上蹿下跳。

★点评

妈妈说“你会的”，杰伊说“我不会”。妈妈不得不使用强力，而她根本无意如此。

妈妈可以“无帆不起风”。离开杂货店后，她可以径直走向车子，装作杰伊跟在后面。杰伊发现妈妈不上当，不跟他争执，不管他是否愿意上车，没准就会跟过去。如果他拒绝上车，妈妈可以说：“那我就等着，直到你愿意上车为止。”然后妈妈冷冷地坐在车里等，不生气，不打架。杰伊很快就会觉得“哦，有啥用呢”，乖乖上车（11，13，14，15）。还有一点，妈妈必须意识到杰伊应遵守秩序。如果她更看重这一点，而不是因为杰伊不听话，那就没有必要生气。她可以默默抱起杰伊，放到车里，云淡风轻，不带情绪

(6)。杰伊发现不管自己怎么闹，妈妈都不动怒，也不动手，就会感受到妈妈的坚定。

案例34

三岁的路易丝板着脸在餐桌边坐下。作为四个孩子中的老幺，她通常要什么有什么。妈妈给她分过食物，路易丝抓起盘子，扔到地上，然后开始踢腿尖叫。妈妈把她抱离餐厅，跟她一起坐下。“咋回事，路易丝？”不回答。“你怎么可以这样？真丢人。”还是不吭声。“好吧，既然这样，你自己在这儿待着。”妈妈转身离开。“对不起，妈咪。我不敢了。”“好，那你可以再回餐桌吃饭。”上甜点的时候，路易丝又把它扔地上。“路易丝！你答应过的。现在，看我怎么揍你！”

★点评

小公主真有一手。起初，妈妈把路易丝带走的做法没错；但接下来“说教”太多，这促使路易丝做出承诺；最后以体罚收场。

对付路易丝，不用多费唇舌。让她过关的承诺，妈妈不要太过指望。如果妈妈真有勇气，可以让路易丝和其他孩子同处一条船。“你们不懂得好好吃饭，那所有人都别吃了。”(27) 除此之外，不用多说话 (15)。

案例35

两岁半的格蕾塔把衣柜里的所有衣服都扔在地上。妈妈发现后批评她，把衣服都捡起来，放回去。最后一句，妈妈说：“因为这个，下午你没有冰激凌吃。”冰激凌车来了，格蕾塔跑出去，叫妈妈拿钱来。“你今天没有冰激凌吃，格蕾塔。”小女孩开始尖叫跺脚。妈妈抱起她回屋。

★点评

格蕾塔调皮捣蛋，让妈妈为她忙碌。妈妈通过责骂和剥夺权利来训练女儿。

可是，冰激凌跟扔到地上的衣服有啥关系？妈妈可以问：“你愿意我帮你收拾吗？”（11）如果格蕾塔只想让妈妈代劳，自己不动手，妈妈可以默默拒绝（14）。

案例36

四岁的威利和三岁的马琳都得了严重的食物过敏。妈妈目睹过爸爸受花粉病的折磨，现在轮到孩子了！她觉得很对不起孩子，因为他们小小年纪就要受苦，喜欢的东西没法吃。她严格遵守医生的指示，为每个孩子单独备餐，因为他们的过敏原不同，不能吃一模一样的食物。尽管悉心照料，他们还是经常得荨麻疹，恶心呕吐，身体很不舒服。孩子一发病，对他们的行为不端，妈妈总有理由开脱："可怜的孩子。他们身体不舒服。"也不敢要求他们干家务活。哪怕临睡前收拾玩具，妈妈也不敢要求，生怕这会让他们更难受更不舒服。于是，妈妈凡事亲力亲为，希望他们可以像医生说的战胜过敏。

★点评

过敏真是妙用无穷！孩子借此让妈妈可怜同情他们，啥事不用干。

妈妈必须拒绝怜悯（24），帮助孩子接受过敏的现实，减少他们从过敏中得到的好处。秩序必须维护（6），每个孩子都有份儿。如果他们身体好到可以玩乐，就要担起责任。如果他们病了，那就接受现实，乖乖待在床上（3）。

案例37

四岁大的亚历克在前门台阶玩，突然大声尖叫："妈咪，妈咪！"妈妈赶紧冲过去。只见亚历克缩成一团靠着纱门，吓得嗷嗷叫。原来，跑来一条狗，在门前的人行道嗅来嗅去。妈妈打开纱门，让亚历克进屋。"宝贝，宝贝，过来。那狗不会咬你。"她搂住小男孩，想方设法安慰，让他平静下来。可是后来只要有狗，亚历克就不敢出门。

★点评

与其说亚历克怕狗，不如说这样可以让妈妈担心他、关注他。

妈妈可以不理睬亚历克的恐惧（22）。她可以若无其事地鼓励他：“慢慢你就会发现，狗不会咬你的。”此事就到此为止（1）。

图书在版编目（CIP）数据

孩子：挑战：重译本 /（美）鲁道夫 · 德雷克斯，（美）维琪 · 索尔兹著；李剑敏译. -- 北京：生活书店出版有限公司，2023.1（2025.10 重印）
ISBN 978-7-80768-397-1

Ⅰ. ①孩… Ⅱ. ①鲁… ②维… ③李… Ⅲ. ①儿童心理学－通俗读物 Ⅳ. ① B844.1-49

中国版本图书馆 CIP 数据核字 (2022) 第 248863 号

责任编辑　郭超敏
装帧设计　潘振宇
责任印制　孙　明
出版发行　生活書店出版有限公司
（北京市东城区美术馆东街 22 号）
邮　　编　100010
经　　销　新华书店
印　　刷　北京启航东方印刷有限公司
版　　次　2023 年 3 月北京第 1 版
2025 年 10 月北京第 9 次印刷
开　　本　787 毫米 ×1092 毫米　1/32　印张 13
字　　数　210 千字
印　　数　34,001–39,000 册
定　　价　58.00 元
（印装查询：010–64052612；邮购查询：010–84010542）

译者简介

李剑敏

毕业于厦门大学新闻传播系国际新闻专业。

曾任中国国际广播电台、

《中国新闻周刊》《凤凰周刊》《体育画报》中文版记者。

译作上百种，数百万字。

德雷克斯·挑战系列

《孩子：挑战》（重译本）

《父母：挑战》

[美]鲁道夫·德雷克斯 著　花莹莹 译

孩子必然不会成为天使，但我们始终可以成为更好的父母。我们已经尝试给予孩子自由和自我表现的权利，在自由精神中训练孩子，在家庭内部建立民主，并使家人分担责任，以民主的父母之爱给予孩子健康发展的力量和动力。

《婚姻：挑战》

[美]鲁道夫·德雷克斯 著　甄颖 译

我们的婚姻问题，考验着我们与另一个人亲密生活的能力。我们不知道如何以相互尊重的精神来解决冲突和矛盾，而在民主氛围中，家庭生活的先决条件正是相互尊重。

《教师：挑战》

[美]鲁道夫·德雷克斯 著　甄颖 译

没有一个孩子是完美无缺的，他们在教室里表现出焦躁不安，不服管教，喜欢挑衅……这需要老师完成思想转变，接受心理学培训，在课堂上运用心理动力学和群体动态的知识，鼓励孩子们相互合作，承担责任，改善课堂的氛围，从而向所有孩子敞开光明之路，真正实现教学相长。

鲁道夫·德雷克斯
40年研究之力作

畅销全球60年
影响了百万家庭

儿童心理学奠基之作
"正面管教"的理论基石

李一诺作序

肖央　李小萌　陈赛　徐莉　顾远　粲然

诚挚推荐

附赠精美导读手册

Rudolf Dreikurs

1897–1972

鲁道夫·德雷克斯

美国儿童心理学家、精神病医生和教育家，现代实践派儿童心理学奠基人。生于维也纳，1923年从维也纳大学获得医学博士学位后，与阿德勒合作开展研究。1952年在芝加哥建立阿德勒学院。他开创性地将阿德勒的精神分析法和个体心理学发展为一系列实践方法，启发了正面管教、父母效能训练等方法的提出，在教育界具有深远的影响。

生活书店

ISBN 978-7-80768-397-1

9 787807 683971

《孩子：挑战（重译本）》
定价：58.00 元

本手册为非卖品

德雷克斯 挑战四部曲

《孩子：挑战》

《父母：挑战》

《婚姻：挑战》

《教师：挑战》

我们的知育书还有：

孩子与时间

良好家教十诫

资优儿童

如何养育有学习障碍的孩子？

培养孩子专注力的 60 种方法

有效教育十法

阿德勒理论导读

数码时代教养指南：培养 3.0 版下一代

早生贵子：帮不了你养娃，但能帮你觉悟

Children
The Challenge

国外读者

养育孩子要民主，而不是无政府主义

Talia Carner，2007 年 1 月 5 日，5 颗星

我从德雷克斯那里学到了让这个世界自然地进入我的孩子们的世界，而不是改变它的规则。

德雷克斯提供了许多实用的课程，适用于个别孩子以及处理他们作为一个群体的方式，这些都源于他的基本民主理论，而不是无政府状态，承认他人的权利，给予他们尊重。这包括我们自己，作为父母，必须被认真对待、倾听并受到尊重。

三十年后，我必须说，德雷克斯的方法仍然取得了巨大的成功。它在我的家庭中非常成功。

做好准备，认真审视自己，检查自己某些养育行为的动机

TwinMom，2014 年 9 月 29 日，5 颗星

这本书很棒。我读了太多的育儿、亲子书籍，而德雷克斯在他所涵盖的许多话题上都是正确的。

自从我读了这本书以来，我和孩子都变得更加轻松、更快乐。我不敢相信我的孩子们能够如此成功地处理日常生活中的逆境。我惊喜地发现，他们能够很好地独立生活。

我打算接下来读他关于婚姻的书。

关于如何正确养育孩子的最好的书

Jillian L，2022 年 7 月 30 日，5 颗星

如果你想确保自己不会养育出糟糕的小孩，也不会失去对孩子的耐心，请一定要读这本书。

尽管这本书看起来有点过时，但从四十年的家庭咨询实践中得出的经验永远不会过时。书中提供了许多与孩子的日常互动的例子，并列举了许多教育的原则。它真正告诉我们孩子行为的原因以及隐藏的动机。

阅读完这本书后，你将自信地完成育儿中最困难的任务！

这本书对父母育儿的指导价值非常大。作者在书中教会父母如何处理和孩子的关系，如何对孩子的“问题”做出合适的反应，如何正确地和孩子说话。假如父母深入阅读本书，并在家庭生活中实践，可以做到既不专制，也不溺爱，在平静温柔的家庭环境中鼓励孩子独立成长。

非常易懂的从心理学角度出发的育儿书，用了很多实例和浅显易懂的分析，感觉收获颇丰。但是在生活中必须把这些方法和背后的理论支持牢牢记住，才能在第一时间做出正确的回应。

非常实用的一本书，全书列举了极为丰富的案例并包含了应对方法，除了指引父母对孩子的教育，更重要的是能缓解初为人父人母的焦虑和不安。有时候，我们少用力一点，反而会让孩子成为更好的人。

这本书非常适合多子女家庭，以及孩子开始说话之后的家庭，不仅讲了育儿书中都会涉猎的常规问题，比如如厕训练，比如断奶，因为作者接触的案例太多，还讲了很多育儿专家没有解决的问题，比如规则感到底如何建立，以及到底什么是真正的尊重孩子。

育儿从来都是育己。这本书分析了很多行为背后的心理原因，对于孩子的很多行为的原因和处理方式有了很实际的指导，另一方面也看到自己成长中某些性格为什么会形成。非常棒的一本育儿书。

个人认为，本书更适合已为人父母或者是初为二胎父母的人群阅读。作者是个美国人，更了解在家庭中有多个子女的时候，如何去权衡，如何去面对挑战。实用性很强，适合一读再读。

没有理论书籍那么难读的感觉，实例中让人自然地得到启示，娓娓道来的叙述让人力推，大赞！

难得遇到能把道理讲得这么清楚同时还非常实用的书。不仅是育儿，对待人接物的沟通方式也有很多启发。

非常有启发意义的一本书，给予我很多帮助。日常育儿中让我烦心的一些事情原来都不需要用激烈的方式去解决。适合反复阅读。

非常好的一本书，毕竟我们养育孩子，是让他快乐、健康、有充分的安全感，不是为了陷入和他无尽的权力之争，也不是为了把自己童年的阴霾转赠过去。

里面不少例子和我家发生的一模一样。育儿如修行……

又是一本以阿尔弗雷德·阿德勒的个体心理学派为理论基础的书。书里有海量的案例，全是实操，很有用，适合有理论基础的读者。

国内读者

育儿界的重磅好书，目前为止它是我读过所有同类型书中的 NO1。无论面临多么恼火的局面，无论情况如何让我手足无措，只要看看这书，都能找到答案，并且让我冷静下来思考解决办法。

因为觉得一切都可以在童年找到答案，所以看了本书，真的超级棒。案例给得特别好，想起不少自己小时候的经历，很多事情恍然大悟。习惯看两遍做笔记，和书一起留给妈妈看了。两个人聊了很多，那些偶尔的顶撞和各自伤心。谁说父母才要关注儿童心理，亲子关系是一生永恒的命题。

一本让人开悟的书，告诉你如何才能“塑造”一个理想中的孩子。

家庭教育，如果只读一本书，这本书足矣。如果要读多本书，这本书应该放在第一个读……读完这本书，对家庭教育、儿童心理会有一个高屋建瓴的理解。

育儿是一个双向的过程，教育孩子的同时，也教育了自己。世上本来就没有叛逆的孩子，有的只是跟不上孩子步伐的父母。

《孩子：挑战》如同一面镜子，帮助父母们一步步跳脱出来反观自己的育儿方式。

大家的肺腑之言

很多时候孩子一眼就能看穿我们错了，但我们老觉得，只有大人才有权利跟小孩说他们错了。傲慢让我们不懂得认真倾听。

我们对孩子的担心真是多如牛毛。我们满腹疑虑，想了解他们每时每刻都在“干什么”。似乎我们相信孩子“生来本恶”。如果我们可以放轻松，信任孩子，让他们有机会为自己而活，该有多好。

如果我们总是替孩子思考、为他们提供现成答案，孩子永远不会独立思考。

我们不能强行夺走孩子的东西，这是把我们的意志强加于人，而是提供更有趣更好玩的东西，激励和影响孩子，让他们自愿摆脱低级趣味。

懂得跟孩子对话的父母其实很少。如果我们一味指责、批评、告诫甚至试图改造他们的思想，他们很快就会噤若寒蝉，关闭沟通的大门。

我们不可能、也不应该守护孩子一生，但有义务训练孩子直面生活的勇气和力量。

我们习惯于贬低孩子的能力，放大孩子的无助。孩子自助或助人的机会比我们想象的多得多。“孩子可以自己做，大人千万别插手。”

不论孩子为何打架，父母介入，试图解决争端或隔开当事人，只会雪上加霜，因为这剥夺了孩子学习如何解决争端的机会。

痛苦是生活的一部分。勇敢的孩子反而更少痛苦。恐惧放大了痛苦。我们必须帮助孩子学会接受痛苦和苦难。

尊重孩子就是尊重他们的自尊，不让他们因为自我怜悯而伤及自尊。危机时刻，孩子自然而然以大人为样板，我们应对危机的态度就是对他们的指引。

坚持到底其实是秩序的一部分，有助于我们确立边界，让孩子有安全感。如果我们训练孩子的方法杂乱无章，其效果势必大打折扣，孩子也会茫然不知所措。

如果我们煽动孩子互相竞争，无疑是在强化他们的错误目标。为了从父母这里获利，他们相互竞争。如果我们消除竞争，没准他们反倒有机会学习如何互相尊重。

孩子天然通过观察学习知识，但不能光靠这个。我们不能通过偶然点评或责骂或威胁或惩罚教会他们这些，花时间训练他们应是生活常态之一。

我们不能直接命令孩子“跟我合作”或者“照我说的做”，所以赢得他们的合作很有必要。能否赢得孩子合作，我们说话的口气和方式很关键。

孩子确实需要关注，但我们必须明确正当和不当需求的区别。为了帮助孩子学会如何因应现实需要而有所贡献，进而获得生活的满足感，我们必须改变他们为了关注而关注的短视做法。

理解、鼓励、逻辑后果、互相尊重、尊重秩序、规律作息、赢得合作，都是化解权力之争的有效手段。好行为源自激励，而非强制。

冲突发生之后的撤离反倒更有益于亲子关系。尤其是孩子无理取闹的时候。双方的敌意对亲子关系伤害极大。一旦我们深谙立刻撤退的妙处，就会发现孩子的反应很有改进。因为他们急需归属感，而一个空荡荡的战场让他们仓皇失措。

如果妈妈真想改变孩子的行为，必须有所行动，而不是无益的反复说教。在冲突情境里，言语成为武器，孩子不愿意倾听。我们必须学会以行动代替言语，信奉“凡有冲突，光练不说”的座右铭。

对孩子不当要求的拒绝无须专横，可是一旦孩子的欲求有悖秩序或当前现实所需，我们必须有勇气说“不”。孩子甚少意识到他们行为不端或调皮捣蛋背后的目的。我们的冲动反应通常只会强化他的错误假定。

坚定就是我们拒绝屈从于孩子的过度要求或纵容孩子的心血来潮。一旦拿定主意必须守规矩，就坚持到底。孩子很快就会赶上。打骂、威胁收效甚微，因为这些不友善之举虽然可以暂时中止烦人的行为，却往往引发另一个环节的冲突，加剧孩子的行为不端。

只有对孩子及其能力有信心，才有可能谈得上对他们的尊重，但这并不意味着我们可以对孩子提任何要求，以满足我们的野心。

任何领域都要敬畏秩序，而孩子都要通过经验 / 行动而非话语学习。孩子必须懂得秩序是自由不可或缺的一部分。大体而言，严重失序的背后往往是亲子关系的极度紊乱。

我们紧紧盯着，不让他们犯错。或者不断纠错、不断训诫，不仅对孩子没有信心，也让他们气馁、受辱。“犯错之后怎么办”，如此态度方可鼓励孩子继续前行。

很多时候，孩子犯错只是因为经验不足或误判。如果我们一律抱持批评态度，无意中会让可欲行为可能产生偶然偏差，开始恶化成严重而且往往持久的缺陷或过错。

我们必须努力做到对事不对人。这在当下尤其重要，因为我们想出了很多骂人的标签。给孩子贴标签，我们就难免以那个标签看待他。反之，孩子也是如此，会不由自主认同那个标签。而这会强化孩子错误的自我认知，妨碍他积极进步。

孩子独享无限自由，父母承担无限责任！民主可不是这样。孩子自由过头，父母吃尽苦头：为之掩盖、受罚、受辱、妥协，进而丧失对孩子的影响力。清晰界定的约束则有助于形成安全感，让孩子明白自己的社会职责。

如果我们想纠正孩子的行为，首先必须弄明白行为背后的动机何在，否则谈何改变？唯有改变动机，我们才能引导他改变行为方式。

我们高高在上，显得聪明、胜任、能干，却阻止了孩子对自己的潜力和潜能的发掘。只有那些虽然犯错失败但不觉得低人一等的人方有勇气可言。这种“不完美的勇气”，不仅大人，小孩也需要。

孩子为了归属感可以不顾一切。如果他觉得气馁，心思就会从群体参与转至依靠他人实现自我的绝望尝试。任何时候，如果我们屈服于此类过度关注，就是在强化孩子错误的自我认知。

惩罚，抑或“听我的，否则如何”的威权观念，必须被相互尊重和互助合作取代。孩子虽然与我们平等，但毕竟未经训练、缺乏经验，需要引领。只要我们赋予他们平等权利，尊重他们的决定，他们就会欣然接受。把孩子痛打一顿，对他们的自尊是极大的侮辱。

反复提醒自己：“我没有权利惩罚与我地位平等的孩子，但我有义务引导他们。我也没有权利把我的意志强加于人，但对他们的过分要求，我有义务绝不屈服。”

本书可能带给你某些启发的

语句、建议

19. 避免过度保护（第二十二章）

20. 激发独立（第二十三章）

21. 置身“架”外！（第二十四章）

22. 不为恐惧所动（第二十五章）

23. 少管闲事（第二十六章）

24. 拒绝怜悯（第二十七章）

25. 合理要求，少提要求（第二十八章）

26. 说话算数，坚持到底（第二十九章）

27. 一视同仁（第三十章）

28. 倾听！（第三十一章）

29. 注意说话的口气（第三十二章）

30. 放轻松（第三十三章）

31. 让“坏”习惯降级（第三十四章）

32. 有乐同享（第三十五章）

33. 对话，而不是训话（第三十七章）

34. 家庭会议（第三十八章）

Children The Challenge

1. 鼓励孩子（第三章）

2. 避免惩罚和奖赏（第五章）

3. 运用自然后果和逻辑后果（第六章）

4. 坚定但不支配（第七章）

5. 尊重孩子（第八章）

6. 引导孩子尊重秩序（第九章）

7. 引导孩子尊重他人权利（第十章）

8. 不批评和少犯错（第十一章）

9. 保持作息规律（第十二章）

10. 花时间训练孩子（第十三章）

11. 赢得孩子的合作（第十四章）

12. 避免过度关注（第十五章）

13. 避免权力之争（第十六章）

14. 退出冲突（第十七章）

15. 行动！而不是空话（第十八章）

16. 不要“赶苍蝇”（第十九章）

17. 取悦孩子务必小心：有勇气说“不”（第二十章）

18. 不要冲动，出其不意（第二十一章）

作者在书中
提出的育儿新原则

Children: The Challenge : The Classic Work on Improving Parent-Child Relations--Intelligent, Humane & Eminently Practical 平装 – 1991年12月26日

作者 Rudolf Dreikurs (Author), Vicki Stolz (Author)

★★★★☆ 457 评论

查看所有格式和版本

精装	平装
US$11.28	US$7.87
19 非全新品 起 US$7.31 1 收藏品 起 US$50.00	171 非全新品 起 US$1.49 28 个新品 起 US$7.59

Children: The Challenge **gives the key to parents who seek to build trust and love in their families, and raise happier, healthier, and better behaved children.**

No.5 豆瓣热门育儿图书TOP10

孩子：挑战

作者：【美】鲁道夫·德雷克斯 / 【美】薇姬·索尔兹
出版社：生活·读书·新知三联书店 生活书店出版有限公司
副标题：The Challenge/Simplified Chinese Edition
译者：甄颖
出版年：2015-1
页数：450
定价：48.00元
装帧：精装
丛书：德雷克斯家庭挑战系列
ISBN：9787807680741

豆瓣评分

9.1 ★★★★☆ 2833人评价

5星	65.1%
4星	28.9%
3星	5.1%
2星	0.7%
1星	0.2%

本书部分版本、网站评分

1990 年平装版

1964 年精装本

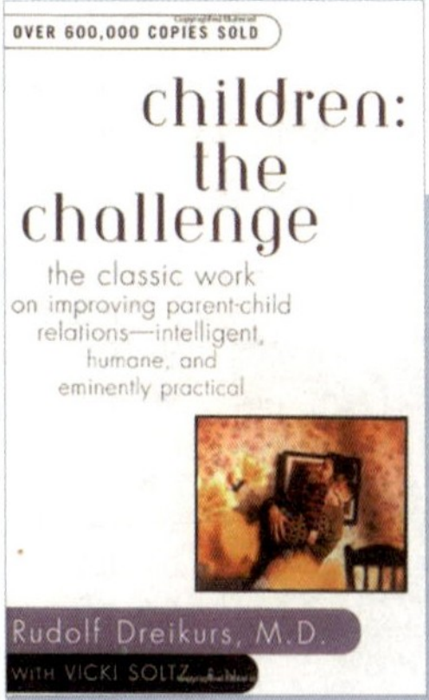

其他版本

Children
The Challenge

传承、合作、突破、创新

西格蒙德·弗洛伊德（Sigmund Freud，1856—1939）

奥地利心理学家、精神病医师，精神分析学派创始人。

↓

阿尔弗雷德·阿德勒（Alfred Adler，1870—1937）

奥地利精神病学家，个体心理学创始人，人本主义心理学先驱。

与弗洛伊德、荣格并称 20 世纪三大心理学家。弗洛伊德的追随者之一，后分道扬镳。

↓

鲁道夫·德雷克斯（Rudolf Dreikurs，1897—1972）

阿德勒的同事、学生。

↓

简·尼尔森（Jane Nelsen）

美国心理学家、教育家。在有了第 5 个孩子时，第一次接触到阿德勒、德雷克斯的个体心理学理论。在此基础上，她结合自己的实践经验，提出了“正面管教”的理念与方法。

“我研究亲子关系长达四十年，越发认识到我们对家庭冲突的解决方案确实行之有效。它们在我们的家庭咨询中心实验室经过了验证。我们的方法基于阿尔弗雷德·阿德勒（Alfred Adler，1870—1937）及其同侪提倡的生活哲学和人之所以为人的独特观念。大体而言，我们的方向契合心理学潮流。”

“就像孩子需要训练，父母也是。训练自己以新方式应对孩子的挑衅，转变观念和态度，也许可以开辟和谐亲子关系的新天地。”

本书诞生于20世纪六七十年代。作者在四十年里，跟数百个家庭保持联系，观察这些家庭的孩子，记录下父母跟孩子之间的互动，由此得到了关于儿童心理和行为的第一手资料。

全书38章，用200个鲜活案例和34条育儿新原则与我们探讨如何教育孩子，如何做真正理解孩子、与孩子共同成长的父母。

Children The Challenge

作者的话、创作背景

鲁道夫·德雷克斯

Rudolf Dreikurs，1897—1972

美国儿童心理学家、精神病医生和教育家。现代实践派儿童心理学奠基人。他开创性地将阿德勒的精神分析法和个体心理学发展为一系列实践方法，直接启发了正面管教等方法的提出，在中外教育界具有深刻而广泛的影响。

CHILDREN

THE CHALLENGE

肖央（导演、演员、歌手、编剧，“筷子兄弟”成员）

跟孩子的相处，核心还是跟人的相处。每个成年人内心也都保留了一个孩子，亲子关系的挑战本质上是人际关系的挑战，尚未做父母的看这本书也有收获，我想这是这本书如此畅销的原因之一。

我近几年拍过一些亲情主题的电影，发现有一种思潮，就是：如果我不能给孩子好的生活，那我不应该把他或她带到这个世界上。我在想，历史上很多重要的人，似乎也并不都是含着金钥匙出生，上天给每个人的命运不同，父母可以做的其实是很有限的，把过多责任揽到自己身上，而放弃了让生命来到这个世界，是遗憾的事。

孩子自身是有强大的生命力的，在爱的基础上引导孩子成为自己应该成为的人，是父母需要学习的事，反过来，孩子也在帮助我们成长。

徐莉（知名儿童课程设计师，专栏作者）

在人类追求自由平等的过程中，曾经不断审视自己与权力关系中较弱一方的关系，重新发现人、发现女性、发现儿童，进而将他人视作拥有同等权利的独立个体，这相较于人类漫长的历史而言，十分短暂。

特别是在面对身体、情绪情感、社会性、认知技能都尚在发展中的儿童时，大人总是担心对孩子过于放纵，也总是担心对孩子过于苛责。如何不过度控制孩子，破坏孩子的自我认知？如何赢得孩子的合作？仍然是陪伴孩子的大人们普遍面临的挑战。

这本《孩子：挑战》是我们经常推选共读的书，适合所有陪伴孩子的大人。你会透过作者精准的描述，重回儿童与大人相处的各种现场，用理智脑替代当时的情绪脑，发现儿童行为问题背后的原因，审视自己当时的反应，甚至假想如果一切重来，你是会做出一样还是不一样的选择？

其实，大人已经无数次在无知无觉中做出过正确反应，而所谓新方法，是将无意识转为有意识后，在教养中刻意去做大概率正确的事，将自由民主作为共同的生活方式。

CHILDREN
THE CHALLENGE

粲然（三五锄教育创始人，知名童书作家）

多年来，我一直坚持为孩子们写故事，也致力于儿童跨学科阅读系统的推广，接触过百万家庭。其中，不少父母都被“熊孩子”困扰：掌控还是放手，严厉还是宽松，训话还是对话，时常难以把握。成人焦虑、思索：什么样的教育才是孩子真正需要的教育；什么样的教育才能举家庭之力，共谋更美好的未来。

已问世六十年的《孩子：挑战》，有理论有实例有解决方法，据说是当代大部分育儿书的母本。从阿尔弗雷德·阿德勒的“人格教育”，到鲁道夫·德雷克斯的“民主、尊重”，再到简·尼尔森的“正面管教”，我们不难感受到贯穿其中的承续、探索、创新。

父母不是代劳者、控制者、权威，孩子带来的诸多挑战也并非负面的，反而是提升自我、家庭的绝佳契机。相信孩子，和孩子手拉手，勇敢开创出一条走向未来合作成长的路。

Children
The Challenge

李小萌（亲子教育专家，萌享汇创始人，前央视著名主持人）

如何养育孩子，就是如何创造未来，父母们却似乎不必经过良好培训而可径自上岗。谁敢坦承，从未对孩子这样说过做过：过高期待，严厉管教，无声冷战，纵容、包办，乃至体罚？要做合格的父母，多少要懂点教育学、心理学。

近些年，我阅读过国内外不少教育学著作，调研了大量实际案例，聚焦于中国父母关注的学习、亲子、隔辈养育、儿童友好社会等等问题，也期望经由拙作《你好，小孩》来提供儿童“善意养育”方案。

本书作者德雷克斯一生做了许多有价值的教育工作，他的代表作《孩子：挑战》理论易懂，案例丰富，读来亲切，感同身受，给我以有益的思考。用心读一读，会让我们豁然开朗，直面挑战。就像一位优秀教师说的：没有教不好的孩子，只有不会教的父母。

顾远（Aha 社会创新学院创始人，群岛教育创变者社区创始人，《教育 3.0》作者）

这是一本清晰、简洁、实用的育儿书。面对亲子关系中那些最常见的挑战，本书既提供了许多有效而巧妙的应对技巧，也通过典型的场景来指出父母们最容易犯下的错误。更难得的是，作者并不意图让这本书变成标准操作手册，而是支持父母们去理解儿童，并坚持自由与平等的教育理念，在书中丰富案例的启发下，去探索和创造出属于自己家庭场景的更多实践与技巧。

THE CHALLENGE

李一诺（一土教育创始人）

书的内容从身为父母的“普遍的困境”开始，引导我们思考儿童所处的社会环境和家庭微观环境，进而理解在这些环境下儿童行为后面的“动机”。

书中每一章里都有大量真实的案例，而且这些案例一点都不“学术”。虽然这些案例都是六十年前的例子，也并不发生在中国，但是每一个案例都让人感觉似曾相识。这也让人感叹，毕竟儿童就是儿童。在进入青少年时期之前，儿童和儿童之间最大的区别其实不是“地域”“语言”这些我们成年人世界里想当然的“鸿沟”，而是这些底层的心理动因和目标，“是否”和“如何”被看到、被对待。在这个层面上，每一个家长只要愿意学习、愿意看到，无论在什么时代和什么样的文化环境里，都可以给孩子提供合适的支持和引导。

陈赛（《三联生活周刊》资深主笔，《少年》杂志执行主编）

我采访过正面管教育儿法的创始人简·尼尔森女士。她说她的整套教养方法总结成一句话，就是“没有尊重的爱，我不稀罕”。至于如何在日常生活无数具体的冲突中维持这份尊重，她的方法论很大程度上来自鲁道夫·德雷克斯的这本《孩子：挑战》。在无数个“不知道该拿他/她怎么办”的灰头土脸的时刻，这本书仍然给我们这个时代的为人父母者启发和勇气。

家长、教育专家、媒体人、童书作家、儿童课程设计师……

诚挚推荐

28. 忽视孩子的体育锻炼、意志品质的磨炼

29. 低估孩子能力。不相信孩子，不给他学会“自律”的机会

30. 对孩子说谎、轻易许诺，但难以兑现

31. 对孩子物质满足多，精神给予少；身体关心多，心理指导少

32. 对孩子关心智力因素多，培养非智力因素少；硬性灌输多，启发诱导少

33. 与家人在孩子面前吵架、说脏话

34. 在孩子面前议论他人是非

35. 认为养孩子是艰苦的义务、苦差事，而不是享受

36. 教育孩子为个人着想多，为社会着想少

37. 忽视自我学习，懒得做孩子的榜样

◉ 如果有多项“是”，请认真阅读本书，

尝试找到走出误区、解决疑难的钥匙。

14. 过度赞扬孩子，时刻夸孩子“你真棒”

15. 很少表扬孩子，以免他骄傲。惩罚多于表扬

16. 喜欢横向比较，常说“你看某某……”

17. 为孩子做所有决定与选择

18. 包干孩子的一切事情

19. 低质量的陪伴。让孩子读书写字，自己刷手机

20. 把孩子交给老人或保姆带，认为只要有人照看就好

21. 不尊重孩子的隐私和权利

22. 认为孩子应该把全部时间拿来学习，不用分心做家务

23. 认为父母的爱是对子女提任何要求的借口，“这都是为了你好啊”

24. 命令孩子服从，限制孩子说话

25. 将孩子当作夫妻关系的工具人

26. 过分强调愧疚感和羞耻感

27. 对孩子隐藏、隐瞒事实及情绪

情景自测

这些情景是否常在你与孩子之间发生？

1. 孩子迷恋电视、电脑、手机，你想尽办法制止、约束，却收效甚微
2. 孩子烦躁，不愿上学、交友、做事，总感觉不舒服，你认为这是“矫情、作”
3. 孩子自理能力较差、做事磨蹭、拖延，你忍不住催他、吼他
4. 孩子动辄顶嘴、挑衅，不尊重你和亲友
5. 孩子在公共场合捣蛋、大哭大闹，你无能为力
6. 孩子与兄弟姐妹不友爱，互相讨厌、嫉妒，打架争斗
7. 孩子不爱学习，只能强迫、利诱他
8. 孩子胆小，时刻要求大人陪同，否则哭闹
9. 顺从孩子，尽可能满足他的要求
10. 对孩子期望很高并付出极大代价，管教很严
11. 把自己的梦想、挽回遗憾的愿望寄托在孩子身上
12. 对孩子唠叨，往孩子身上撒气，嘲讽、贬低孩子
13. 限制孩子做他喜欢做的事情

家庭教育中，每日与你紧密相伴的困惑、苦恼、误区，本书作者与团队已汇总、研究、实践、破解40年

200个具有代表性的真实案例，让你感同身受、相见恨晚

肖央、李小萌、陈赛、徐莉、顾远、粲然
多位家长、教育专家、媒体人、童书作家、儿童课程设计师 诚挚推荐

CHILDREN：THE CHALLENGE

孩子：挑战

（重译本）

导读手册

美国著名儿童心理学家、教育家鲁道夫·德雷克斯的经典作品

38 章，34 个教育新原则，200 个亲子案例

儿童心理学奠基之作

“正面管教”的理论基石

畅销全球 60 年，影响了数百万家庭

50 万册升级纪念版

生活·讀書·新知 三联书店 生活書店出版有限公司